唯美景观丛书
A SERIES OF BOOKS BY WEME LANDSCAPE

动态多维度
景观设计

DYNAMIC MULTI-DIMENSION LANDSCAPE DESIGN

朱黎青　著

中国建筑工业出版社

图书在版编目（CIP）数据

动态多维度景观设计/朱黎青著.—北京：中国建筑工业出
版社，2012.11
　（唯美景观丛书）
　ISBN 978-7-112-14876-9

　Ⅰ.动… Ⅱ.朱… Ⅲ.①景观设计－作品集－中国－现
代 Ⅳ.①TU986.2

中国版本图书馆CIP数据核字（2012）第266543号

责任编辑：朱象清　吴　绫
责任校对：姜小莲　王雪竹

唯美景观丛书
A SERIES OF BOOKS BY WEME LANDSCAPE
动态多维度景观设计
DYNAMIC MULTI-DIMENSION LANDSCAPE DESIGN
朱黎青　著
＊
中国建筑工业出版社出版、发行 (北京西郊百万庄)
各地新华书店、建筑书店经销
北京杰诚雅创文化传播有限公司制版
北京方嘉彩色印刷有限责任公司印刷
＊
开本：880×1230毫米　1/16　印张：13　字数：402千字
2012年12月第一版　2012年12月第一次印刷
定价：**138.00**元
ISBN 978-7-112-14876-9
(22935)

前　言

　　传统的景观规划设计，主要是指三维的空间规划设计。当我们依赖它来进行物质空间上的规划设计时，我们发现我们面临的问题超出了这个"三维"之外。除了物质空间这个维度，景观设计会面临时间的问题。我们可以讲这是"四维"的空间设计。时间不可见，并且是变化的。据此我们可以认为这个"维度"有静态与动态之分。

　　静态的维度是三维的；动态的维度是多维的，是由静态维度而产生的。点运动成了线，线运动成了面，面运动成了体，体在空间依时间而变化。我们进入了多维的空间，景观的呈现是非线性的。如果仅用静态的维度解释景观，答案将是软弱无力的。景观设计需要拓展到更多维度。比如文化的维度、社会的维度、生态的维度、经济的维度等。要思考的内容有低碳的、碳汇的、节能的、循环利用的、低维护的、近自然的等景观所涉及的各方面。

　　动态多维度景观视角是敏感而崭新的，我们的视角不再局限于东、南、西、北几个方向；非线性的景观也并非隔行如隔山，而应是多学科打通的。建筑、规划、旅游、生态都应参与景观的建设。通过人们对景观的参与、体验及生活其中而完善。我们观看景观的视野得到了解放。

　　景观的呈现在我们这个世界有了新的内涵。网络时代我们来到虚拟世界，信息时代的城市开始走向智慧城市，我们的世界逐步走向物联网的多中心时代。由于非线性的思考方式提供无穷种可能性，因此我们会获得全新的动态多维度景观视角。这是一次"头脑风暴"，未来所有的景观功能也是动感的和流动的：信息流、功能流、物种流、交通流等等汇集在一起。由此视角看到的景观世界是前所未有的丰富多彩！

　　智慧城市、物联网的多中心时代的触媒是互联网；景观走向多维度的起因是低碳与节能等。低碳、节能是景观发展绕不开的坎，它们是我们未来生活方式的必由之路。

　　本书通过理论、设计图纸、实景图片阐述问题。虽然本人才疏学浅，但不惧同行见笑而将所思所想呈现，以图抛砖引玉。

　　本书所选用的项目均是上海唯美景观设计公司的项目，由本人主持完成。但景观设计是多学科交叉的行业，各个项目的参与的设计师众多。从方案到深化、从扩初到施工图，涉及的专业涵盖景观设计、园林绿化、建筑学、土木工程、给水排水、电气、环境艺术，甚至工商行政管理等。感谢对项目有献者的各位同仁，他们是：郑英杰、方颖、陈立波、李昌艳、邓旭华、Charles Norris、Jose Augusto Juaban、Uligan Teddy Soriano、Cresencio Ronald Iguiron、史晓红、田扬、夏焱等。因为他们的出色工作，使得美景能一一呈现。

　　对本书的文字整理与排版贡献者有：刘静怡、冯宜冰、陆东东。Charles Norris拍摄了本书最后两个项目的照片。由于本书及项目参与者众多，余不　　　鸣谢。

目 录

理论篇 ·· 6

第1章 景观设计的理论与多种维度 ·· 6

1.1 多学科交叉的景观设计 ··· 6

1.2 社会层面：大众行为与活动 ·· 9

1.3 艺术层面：美学与视觉艺术 ·· 14

1.4 应用层面：设计及工程多学科交叉 ·· 18

第2章 景观设计的社会维度 ··· 23

2.1 "空间—场所—领域"的营建与人的活动 ······································· 23

2.2 社会价值的体现 ·· 26

2.3 文化价值的体现 ·· 28

2.4 价值创新 ··· 31

第3章 景观设计的经济维度 ··· 35

3.1 设计的独创性：创造景观的未来价值 ·· 35

3.2 景观设计的外部经济性：创造与景观相关的经济价值 ····························· 44

3.3 建设成本上的经济性：易于施工与控制成本的景观设计 ··························· 47

3.4 管理成本上的经济性：易于养护的景观设计 ····································· 51

第4章 景观设计的环境维度 ··· 55

4.1 环境友好型景观设计 ·· 55

4.2 景观建设新技术的利用 ·· 58

第5章 其他维度：景观的第五立面设计 ·· 65

5.1 景观的第五立面设计的发展 ··· 65

5.2 景观第五立面的设计意义 ··· 66

5.3 景观第五立面的设计原则 ··· 66

第6章 设计的全过程及其组织：如何体现多维度景观设计 ·························· 71

6.1 方案设计阶段：景观设计的目标是什么 ·· 71

6.2 扩初阶段：如何保证设计的品质感 ·· 71

6.3 施工图阶段与后服：如何保证设计的还原性 ····································· 73

案例篇 ··· 76

第7章 城市公共绿地项目 ·· 76

第8章 住宅类项目 ··· 128

后记 景观承载人类梦想，唯美营造户外生活 ······································ 206

参考文献 ·· 207

致谢 ··· 208

Contents

THEORY 6

Chapter 1 Landscape design theory and various other dimensions 6

    1.1 Landscape architecture as the nexus of multiple disciplines 6

    1.2 Society: public life and activities 9

    1.3 Arts and culture: aesthetics and visual art 14

    1.4 Applicability: in the intersection of design and engineering 18

Chapter 2 The societal dimension of landscape design 23

    2.1 Construction of "space-place-domain" and everyday life 23

    2.2 Landscape architecture reflects social values 26

    2.3 Landscape architecture reflects cultural values 28

    2.4 Value innovation 31

Chapter 3 The economic side of landscape design 35

    3.1 Originality: creating the future value of landscape 35

    3.2 Landscape design's external economy: create economic value in related fields 44

    3.3 Economics of construction cost: ease of construction and control cost in landscape design 47

    3.4 Economics of management: east of management in landscape design 51

Chapter 4 Environmental aspects of landscape design 55

    4.1 Environmentally-friendly landscape design 55

    4.2 Best practice and use of latest technological innovations 58

Chapter 5 Other design dimensions: The fifth aspect of landscape design 65

    5.1 Developing the fifth aspect of landscape design 65

    5.2 Significance of the fifth aspect of landscape design 66

    5.3 Design principles of the fifth aspect of landscape design 66

Chapter 6 The entire design process: how to express multiple aspects of landscape design 71

    6.1 Schematic design stage: what is the design objective 71

    6.2 The early stage: how to guarantee the sense of quality 71

    6.3 Construction documents stage and post-construction services: how to maintain the design's original intent. 73

PROJECT EXAMPIES 76

Chapter 7 City commonality greenbelt project 76

Chapter 8 Residential project 128

POSTSCRIPT TURNING TOWARDS THE FUTURE OF LANDSCAPE ARCHITECTURE 206

REFERENCES 207

ACKNOWLEDGEMENT 208

理 论 篇
THEORY

第1章 景观设计的理论与多种维度
Chapter 1 Landscape design theory
and various other dimensions

1.1 多学科交叉的景观设计 Landscape architecture as the nexus of multiple disciplines

1.1.1 综合学科 Landscape architecture is comprehensive

风景园林学(Landscape Architecture)是规划、设计、保护、建设和管理户外自然和人工环境的学科，其核心内容是户外空间营造[1]。自1858年美国风景园林师弗雷德里克·劳·奥姆斯特德(Frederick·Law·Olmsted)首次提出以来，经过一个世纪的发展，风景园林学科已经跳出了造园的狭隘范畴，内涵和外延进一步的深化和拓展，成为了融自然科学、工程技术与人文科学于一体的高度综合的学科。

当前，在从工业文明向生态文明的转型时期，其学科的外延包括：

（1）绿色基础设施（城乡绿地系统、大地绿色廊道、生态斑块、防护系统等）的规划、设计、建设与管理；

（2）自然遗产、文化景观、保护性用地（风景名胜区、森林公园、自然保护区、地质公园、水利风景区等）的规划、设计、保护、建设与管理；

（3）传统园林的鉴别、评价、保护、修缮与管理；

（4）城市公共空间（公园、广场、街道、林地、湿地、滨水区等）规划、设计、建设与管理，参与"园林城市"的规划、设计、建设与管理；

（5）旅游与游憩空间规划、设计、建设与管理；

（6）各种附属绿地（居住区绿地、庭院、校园、企业园区等）的规划、设计与建设；

（7）风景园林建筑、构筑物与工程设施的设计与建设；

（8）城市绿地生态功能的研究与评价，医疗康复环境的设计、建设与管理；

（9）园林植物应用[1]。

从整体上看，现代风景园林学科以协调人类与自然的和谐关系为总目标，需要环境、生态、地理、农、林、心理、社会、游憩、哲学、艺术等广泛的自然科学和人文艺术学科为基础。

1.1.2 交叉学科 Landscape architecture is inter-disciplinary

风景园林涉及的问题广泛存在于两个层面：如何有效保护和恢复人类生存所需的户外自然境域？如何规划设计人类生活所需的户外人工境域[1]？这就需要风景园林的外部形式应该符合美学原理，但其内部结构与整体功能更应符合人的社会性以及生态学和生物学特性。

不同门类的知识，交替使用逻辑思维和形象思维，综合应用各种科学和艺术手段，具有典型的交叉学科的特征[1]。评估土地系统条件，保护自然遗产，要用到地理学、生态学、环境学的系统理论；城市公共空间的规划设计、景观建筑的设计离不开与城市规划、城市设计和建筑设计专业的对接；具体到公园绿地的地形改造、培植花木则要运用工程学、植物学等方面的知识。而设计师对人文学科，尤其是美学、历史、社会学、心理学等的造诣直接影响其规划设计作品是否体现人文关怀，在精神层面打动人心。其他如音乐、电影、材料、生物等学科的内容也在各种领域潜移默化地影响着景观的规划设计和建设。

建构"安全、稳定、优美并富有文化"的景观环境是当代风景园林设计的基本准则，通过学科交叉、跨专业知识的系统整合是实现当代风景园林环境建构的基本途径[2]。

1.1.3 横断学科 Landscape architecture is cross-sectional

横断学科是指在不同的横断面上所揭示的事物的规律，概括出的科学原理，也具有普遍的适用性的交叉学科[3]。景观学的核心是协调人与自然的关系，不只是某一领域或某种物质，而是横贯社会、自然等众多领域，体现出鲜明的横断性。

景观的物质层面，不管是室内还是室外，人们工作、生活、游憩的环境都是由景观要素构成，包括直接接触的植物、山石、水体、建筑小品等景观因子，以及容易忽略的风、土、水、气等各环境因子，城市郊区乡村，沙漠湖泊草原，儿童青年成人老人，景观横贯一切有关土地和户外至室内空间的领域。

景观的精神层面，人类文明发展的每一个横断面上都有景观留下深深印记。从阿拉伯世界向往天国的伊斯兰园林，到以古希腊、古罗马为渊源的欧洲园林，亚洲的东方园林，再到当今全球化浪潮下的现代景观，每一种文明都无一例外地伴生着自己独特而辉煌的造园艺术。而从景观发展的核心源动力来看，法国古典主义之于勒·诺特式园林，浪漫主义之于英国自然式园林，儒释道思想之于中国文人园林，可持续发展观之于生态景观设计，不同哲学思想与景观的发展都有着横断的联系。

景观学与自然、社会、科技一起着眼于人类社会和自然界各种事物或过程的共同点，在不同横断节点上协调着人与自然的关系，影响着我们社会中的每一个人。

1.1.4 景观与城市设计的整合/与相关学科的关系 Integration of landscape architecture and city planning

现代的景观规划设计的对象从传统的私家花园、皇家园林，发展到城乡统筹发展的城乡绿地系统，乃至拓展到区域和国土生态环境规划建设。景观不可避免地与城市规划、旅游规划、城市设计、建筑设计等学科在频繁交叉。这些学科的任务都是创造理想城乡人居环境，在理论上有众多相似之处，在实践上相互承启，缺一不可。

城市和自然界都是复合系统，需要三个行业从业者的紧密合作。那种城市规划师规划完了，让建筑师设计建筑，建筑师做完了让景观师来填空的工作方式已经完全不能满足需要。由于风景园林师能综合地解决各种生命之间的生存矛盾，随着环境问题的日益突出，景观规划设计对城市规划和建筑学的影响将会越来越大，甚至作为项目领导者。很多国家和地区已经颁布了风景法或相关风景控制的法律法规，其中一个重要的内容就是在设计大地项目中，首先由风景园林师主持进行景观控制规划，然后才能进行建设规划与设计，如香港湿地公园是一个在可持续发展方面的多学科合作的典型案例。项目以实现可持续发展和体现环境意识为目标，将香港湿地公园打造成为一个世界级的旅游景点，更是重要的生态环境保护、教育和休闲娱乐资源。在这项大尺度、多学科合作的复杂项目中，景观设计师协调了自然保护、旅游、教育和市民休闲娱乐这些截然不同并可能相悖的多种功能，发挥了重要的战略指导作用[4]。从北京奥林匹克公园规划设计国际竞赛中可以看出，获奖作品均是将规划建筑与景观很好地结合的作品，而且景观设计师在其中起了相当大的作用[5]。诸多大型地产开发、生态项目在前期策划阶段中引入景观规划，景观设计师在项目的定位和控制方面扮演着关键性角色。

景观不可避免地与大自然城市建筑密切地联系在一起，确立风景园林师在多学科协作中的领导地位是风景园林发展的趋势。

1.1.5 景观设计多种维度的网络思维方法 Various landscape architectural design dimensions and systems thinking

与孤立的点线面不同，网络是由众多的要素纵横交织构造起来的复杂结构，呈现出交互、丰富和动态的格局。风景园林学横跨工、农、理、文、管理学，融合科学和艺术、逻辑思维和形象思维的特征，决定了其研究方法必然是融贯的、动态的。因此景观规划设计师的思维不应该是直线式的或单向式的，而应该具备网状特性。

1. 价值观的多元互动

景观价值观某种程度上诠释着人们对景观的态度。从形成时期的功用性到古典时期美的载体，再到现代坚持的生态主义，当代景观已经包含了传统与现代、功能与社会、设计与艺术、建筑与生态[5]等多个层面，反映了景观开发者、设计师、建设者、使用者对景观的各种需求和态度。

要创造一个具有长久生命力的景观作品，景观设计师必须吸收历史的精神，但决不模仿固有的风格；符合科学原则，反映了社会的需要与技术的发展；兼顾新的美学观念。缺少了其中任何一方，设计就存在缺陷。

2. 视角的系统综合

风景园林是一门致力于协调社会经济发展和自然环境之间关系的学科，在理论层面，它是建筑、艺术、自然三位一体的综合体；在实践层面，它是微观意义上的景观设计、中观意义上的景观规划和宏观意义上的景观策划。理论与实践，不同学科、不同层面的互相嵌套、关联与协调，组成了当代风景园林的发展方向，唯有坚持系统综合的视角才能把握并融入这多维度的景观设计体系中，向着可持续发展的未来迈进。

3. 思维的动态弹性

城市处于不断变化之中，绿地需要与城市有机融合，但公园及其周围上地的利用方式未来难以预料，城市绿地的发展步伐往往跟不上城市的发展。绿地承担着协调城市新与旧、不同功能、不同风格的任务。景观设计师要做的不应只是在城市现在向未来发展的过程中做些被动的修修补补，而应主动采用一种动态弹性的思维方式，除了考虑横向层面的社会、经济、文化、自然因素，更重视城市发展的过去、现在和未来，根据时代发展的需要不断调整。从估算一棵树不同生长阶段的景观效果，到整合项目分期建设的实施，乃至协调城市绿地结构与城市发展的相互关系，面对不断发展变化的城市和自然，景观设计师应以一种动态的眼光看世界，使景观如有机体般与城市协调共生。

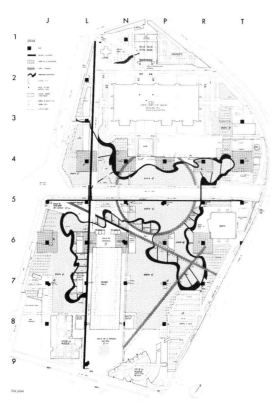

图 1.1 拉维莱特公园的弹性生长结构
Figure 1.1 Parc La Villette's flexible growth structure
引自 (Source): http://www.google.com.tw/url?sa=t&rct=j&q=&source=web&cd=9&ved=0CGgQFjAI&url=http%3A%2F%2F
bebetoku.exblog.jp%2Fd2008-10-04&ei=jX2tULjrA6j3mAW2tYG4DA&usg=AFQjCNF2eiAvDi0Pzm618SWLUaJFAjDQhg

1.2 社会层面：大众行为与活动 Society: public life and activities

1.2.1 参与对象 Participants

在现代的城市设计理念中"人"始终处于核心地位。景观设计就是为人服务，不同年龄、身份、阶层的人群活动的特点和需求千差万别，景观设计应满足不同人群的活动需求，让人们各得其所。以不同年龄为例，不同年龄段人群身心特点不同、活动目的各异造成了对景观需求的差异。

据统计，2020年中国老年人口将达2.5亿，我国城市正在快速走向老龄化，老年人是景观使用的主要人群。老年人体弱多病，身体机能老化，闲暇时间多，但活动范围小，一般希望在环境优美的户外环境中安静休闲，又同时害怕过度冷清，希望通过与外界的交流中保持心态的乐观和积极。因此，适合老人的活动场所，如邻里公园、居住区景观等，应该充分考虑老年人的需要，首先满足其对环境方向感、安全感和无障碍通行的需要，布置平坦的园路、舒适方便的坐憩设施、明确的指示系统等。为此，赏心悦目、充满旺盛生命力的绿色空间对老年人重新找回精神寄托，保持身体健康很有好处。考虑到老人对交流的向往，那些能够让老人们一起下棋、聊天、晒太阳的亲切小空间则是备受欢迎的环境。

图 1.2 老人活动空间和设施
Figure 1.2 Activity spaces for the elderly
引自 (Source): www.landscape.cn

而作为国家未来的少年儿童，身心娇弱，好奇心强，但无完全行为责任能力，容易受到伤害，根据他们的特点，景观设计需要特别关注场地安全、景观趣味性和寓教于乐等方面的问题。不同成长时期的少年儿童，对景观的需求可以进一步细分，如为0～3岁的婴儿设计的游戏场应该同时考虑家长或陪护人员因素；而对4～10岁的儿童来说，快乐游戏是他们的天性，各种色彩鲜艳、形象生动的景观要素能够牢牢吸引他们的注意力。当儿童长成为少年，他们对景观的要求则更偏于能够充分发挥充沛的精力，在景观中穿插适当的科普元素，也能激发他们的学习热情。

图 1.3 武汉万科城市花园的儿童活动空间和设施
Figure 1.3 Children's activity space & facilities in Vanke City Garden, Wuhan

中青年人群是社会的中流砥柱，虽然年龄差异较大，在社会中的职业分工不同，但总的来说，中青年人更偏好那些能让人放松身心、舒缓工作压力的景观，如商务办公环境外的安静小空间，适合简短的工作交流，也适合工作间隙的放松和小憩。公共开放空间，充满都市生活气息，同时满足午餐休息、沉思静坐、晒太阳、朋友小聚、休闲健身等需求。郊野公园、滨江绿地、大型绿地等更是给城市中的人们难得的亲近自然、放松身心的机会。这些对城市中生活节奏快、工作压力大的中青年来说非常重要。

图 1.4 中青年活动空间和设施
Figure 1.4 Young adults activity space and facilities

1.2.2 行为表现与景观设计 Behavior, customs and landscape design

不同的人群有不同的景观需求，同样的人群在不同背景、不同活动目的下，也有不同的活动需要。安静休憩、公共娱乐、体育运动……景观设计应该根据不同的活动性质进行区别化设计，创造多样化户外空间。

1. 安静休憩

对多数人而言，观景、晒太阳、散步，体验自然的宁静与安详是使用公共开放绿地的主要目的。适于这类活动的景观设计，需要为人们营造一个舒适宜人的安静休闲空间，而不是主题游乐场。这类空间一方面应该有良好的自然环境，花草繁茂，绿树荫蔽，相对安静宜人，仿佛城市山林；另一方面，要给安静休闲活动提供良好的设施条件，如通过亭廊、挡墙、绿化等提供适当的空间围合，明确个人空间领域，给人心理安全感，让人能够长时间停留。多种多样的景观小品，矮墙、阶梯、草坪、灯柱，形式丰富的材质、有趣的组合能够满足人们在静态活动中一直有景可赏，不至于感到乏味呆板。

图 1.5 安静休息景观——斯坦福大学草坪
Figure 1.5 Quiet open spaces–Stanford University campus
引自 (Source): http://blog.sina.com.cn/s/blog_6679eb7f0101082n.html

2. 休闲娱乐

　　除了安静休憩外，休闲娱乐是人们使用公共开发空间的第二大目的。公共娱乐活动之所以吸引人，是因为在公共场所，活动者因为有人观看而变得兴奋，观赏者因为有景可赏而驻足停留。人是社会性动物，在当下虚拟世界高歌猛进、传统人情社会逐渐衰退的时代，人们其实比以往更渴望人与人的交流，"人们喜欢看别人"。吸引人的景观和互动性强的活动是公共娱乐空间设计必备的要素，但在这里互动性不仅指行为的互动，更重要的是包含视线的交流和互动，如广场的景观设计要为不同的活动设置相应的空间，主次分明，大小各异的空间既相互联系，又有一定分隔，给不同人群、不同活动提供了自由空间和视角交流的机会，满足公共场所看与被看的需要。

图 1.6 休闲娱乐景观——休斯敦市水牛河步行道广场
Figure 1.6 Recreational landscapes–Houston Bayou Park water canal
引自 (Source): http://blog.sina.com.cn/s/blog_6679eb
7f0100znrn.html

11

图 1.7 人看人的乐趣——纽约城市的亮点
Figure 1.7 People watching–the HighLine in New York City
引自：景观都市主义. 景观设计学. 2009（5）.
Source: Landscape Architecture Studies. Landscape Architecture. 2009（5）.

3. 体育锻炼

　　健康的体魄是美好生活的前提。随着生活水平的提高、奥运热潮的影响，人们对体育运动的热情越来越高涨，为满足大众运动休闲需要，体育休闲型景观应运而生。与专业运动场所的景观不同，体育休闲场所大到健康运动公园，小到居住区等内部的健康运动场所，集丰富的自然景观、体育活动和生态健身为一体，将运动休闲融于美景之中，既有体育性又有趣味性，更贴近人们的生活。

　　在设计上，体育休闲景观应该重视体育活动设置和景观营造两个方面。体育活动设置，应根据场地条件和使用人群的特点，如在社区，应设置舒筋活血、运动量较小、适合老人儿童的活动器材。在体育公园或大型开放空间，应更多考虑青年人的需求，将更多时尚性、趣味性、中高强度的体育活动结合进来。赏心悦目的美景、新鲜的空气、能分泌保健物质的植物更容易激发运动热情，达到身心健康的目的。将体育活动与高质量的户外环境融为一体，更符合现代都市人的实际需求，也能更好地引导人们投入运动，强健身心。

图 1.8 体育休闲景观——休斯敦市水牛河步行道
Figure 1.8 Recreational landscapes–Houston Bayou Park
引自 (Source): http://blog.sina.com.cn/s/blog_6679eb7f0100znrn.html

1.2.3 行为景观与为户外生活设计的景观 Designing for behavior, customs and outdoor activities

在社会发展日新月异的未来，人们将怎样活动，不同的人群将有怎样的需求，如何让我们的景观更好地服务大众，是众多景观设计师关心的问题。社会发展影响人们的户外行为活动的方式，活动方式进而主导景观设计趋势，更人性化，更慢节奏的行为方式应该是未来景观设计服务大众的主要驱动力。

1. 更人性化

正如马斯洛的层级理论所言，人有五方面的基本需求，从生理、安全的最基本需求上升到获得尊重、自我实现、学习和美学等高层次需求。未来社会，人们必将更加关注个人需求的满足以及自身价值的实现，这就赋予了"人性化"景观的营造更重大的意义。需要更细致地对不同年龄、性别、文化水平、职业的人群的需求进行精准定位，对工作、休闲、娱乐、医疗、运动等不同活动的特点深入探讨，营造更符合人们需要的人性化景观。

图 1.9 马斯洛层级结构图
Figure 1.9 Maslow hierarchy chart
引自 (Source): http://www.nhu.edu.tw/~society/e-j/64/64-19.htm

2. 慢生活与悠闲居住景观

当今社会，任何事情都求快，交通提速，工作加班，吃饭也吃快餐，快的结果是各种后遗症接踵而来。反思当下的行为方式，人们开始追求"慢"生活，"行慢"、"吃慢"、最重要的是"心慢"[6]，以悠闲淡泊的心境对待生活。相应地，景观设计，尤其是居住景观也应该致力这种安逸悠闲的景观营造，帮助人们在紧张工作之余体验身体上的放松，心灵上的升华。

图 1.10 慢生活居住景观
Figure 1.10 Slow lifestyle landscape

1.3 艺术层面：美学与视觉艺术 Arts and culture: aesthetics and visual art

1.3.1 传统美学与视觉艺术 Traditional aesthetic and visual art

景观设计必定会涉及美的问题。什么样的景观是美的，如何设计美的景观，这些是景观设计的核心问题之一[7]。在当代景观设计中，传统美学和现代审美之间的争辩从未停息。中国传统美学讲求天人合一，追求意境的融合，是中国古典园林形成发展的灵魂，不仅缔造了光辉灿烂的中国园林艺术，还成为自然式东方园林体系美学滥觞。然而，随着社会文化的发展，园林绿地的使用对象、功能结构发生了巨大变换，一时间，传统美学不能满足需求，各种先锋的美学备受推崇。

然而，任何一种新的景观形式的产生，总是与其历史上的园林积淀有着千丝万缕的联系[5]。各种新兴景观美学失去了形成发展的历史土壤，也无法形成真正具有生命力的景观。

在当代景观价值观中，协调人与自然的关系是景观的核心理念。中国传统美学对人与自然合一的关系、自然美、道德美作了全面深刻的论述。这些美学思想与当今所倡导的可持续发展观完全一致，不但能为当代设计提供丰富的理论支持，而且能启发灵感。当代中国的审美艺术应该从历史的角度重新理解传统美学，取其精华，弃其糟粕，很好地处理传统美学与现代艺术的关系。在全球化浪潮中，只有保持传统美学，在继承中发展，才能真正形成与众不同的民族化、本土化的景观，否则就将失去自己的特色。

图 1.11 岭南园林
Figure 1.11 Lingnan Garden
引自 (Source): http://www.gzhmgs.com/ProductView3.asp?ID=321&SortID=42&nid=321

图 1.12 万科第五园
Figure 1.12 Vanke No.5 Garden
引自 (Source): www.landscape.cn

1.3.2 生态美学与视觉艺术 Ecological aesthetic and visual art

生态美学，是以人与自然的生态审美关系为基本出发点，包含有生态维度的当代审美观。长期以来，美学以人为主体，过于强调人对自然的征服与改造，而忽视自然本身的价值和意义。席卷全球的生态主义浪潮促使人们站在科学的视角上重新审视景观的美学追求。生态美学强调自然的价值，强调人与自然的和谐发展。这一思想是风景园林学科在20世纪最重要的发展之一，将景观审美带入一个全新境界。

生态美学注重事物的本质性、整体性、循环性，其精髓就是尊重自然、尊重生命。德国海尔布隆市砖瓦厂公园中砌筑的干石挡土墙很好地保护着野生植物，保持着荒野的景象和自然再生的植被形成。那些未经驯化的原生植被，拥有自然过程和形态的江河溪涧，源于乡土的砖瓦材料，提高了资源及能源利用效率的生态建筑，无一不映射着生态美学的光辉。

但并不是绿色的，取自自然的景观，就一定符合生态美学原则，那些要花费大量人力物力才能形成和保持效果的表象生态景观，或以牺牲局部自然环境来炫耀生态的景观，并不是真正意义上的生态美。

生态美学肩负着满足生态学过程和建构新的社会精神文化系统的重任，是未来景观美学追求的重要方向。

图 1.13 生态水景观
Figure 1.13 Ecological water landscape
引自：流动的景观. 景观设计学. 2010（4）.
Source: The Flow of the Landscape Landscape Design. Landscape Architecture. 2010（4）.

1.3.3 地域美学与视觉设计营造 Constructing a regional aesthetic and visual design

俗话说："一方水土养一方人。"一定地域的地理、水土、物候等自然环境条件，养育出长期生活在这片地域上的人群独特的文化性格。同样地，一方水土也造就了一方特色的园林景观。作为以特定地区的自然人文环境为基础进行的空间整合活动，景观设计具有与生俱来的地域景观特性。

纵观世界园林艺术史，地域景观或乡土景观在每一个国家和地区，都是设计师获得形式语言的重要

图 1.14 自然材料的景观小品
Figure 1.14 Landscape feature with natural mateial
引自：华南景观设计. 景观设计学. 2009（3）.
Source: Landscape Design in South China. Landscape Architecture. 2009（3）.

源泉[8]。意大利的丘陵地形决定了文艺复兴时期台地园的诞生。17世纪法国勒·诺特式园林是在吸收了意大利文艺复兴园林许多特点的基础上发展起来的，但园林的建造结合了法国平原地貌和农业景观的自然特征。同样是景观轴线，勒·诺特式园林去掉了层层台地，代之以平坦广阔的林荫道；去掉了竖向的瀑布跌水，代之以大型水渠喷泉。类似地，中国传统山水园再现了大山大水的大陆文化，日本枯山水深受海岛地理环境的影响，而英国自然风景园则再现了英伦三岛舒缓起伏的田园牧场风格。一部世界园林艺术史可以说就是世界范围地域美学的集中体现。

　　放眼现代园林，地域审美也是许多新的风格流派的灵感来源，如高伊策（Adriaan Geuze）所领导的West 8景观设计事务所的作品直线与不同色彩块面组合，充分体现了荷兰围海造地、堤坝、水渠、块面状农田构成了荷兰国土特征。

　　随着全球化的推进，不同国家地区之间景观大同小异，失去个性。基于独特地域审美的景观设计，必定是独特的、民族的，也是属于世界和未来的。挖掘地域自然和人文特色，并将之与场地功能有机融合，既满足现代景观需求，又延续特色地域景观。现代景观设计应该朝着各个方向努力！

图 1.15 英国丘陵草地景观
Figure 1.15 English grass design
引自 (Source): http://www.nipic.com/show/1/8/a43bdd621a911083.html

图 1.16 英国自然风致园
Figure 1.16 English countryside landscape
引自 (Source): www.chla.com

图 1.17 荷兰大地景观
Figure 1.17 Dutch fields landscape
引自 (Source): http://tt.mop.com/read_9388491_1_0.html

图 1.18 高伊策作品
Figure 1.18 Governors Island Park
引自 (Source): http://archrecord.construction.com/
features/2011/new-york/City-Reimagined/Gover
ners-Island-Park. asp

图 1.19 高伊策作品——万桥园
Figure 1.19 Works by Adrian Geuze–Garden of 10,000 Bridges
引自：高伊策. 万园桥. 中国园林. 2010（6）.
Source: Gao Yice. Wanyuan Bridge. Chinese Landscape Architecture. 2010（6）.

1.3.4 未来景观审美追求及其探讨 Exploration of future aesthetic appreciation

　　审美观是景观设计的灵魂，左右着景观设计的发展。每个时代都有独特的审美追求，经历了与生存相关的朴素审美，到唯美主义、现代主义、生态主义、乡土主义等多阶段，面对各种社会和环境挑战，某一种或几种审美独领风骚的时代将一去不返。未来的景观美学追求必然是高度综合而又高度分化的，即一方面是东西方各种审美思想充分交融，古今美学理论集成创新，形成一种审美多样性的平衡；另一方面，一些具有强劲生命力的新兴美学在理论上和表现形式上的达到极致的广度和深度，为未来的景观设计开拓新的空间。虽然时代的审美追求不可能通过一个或几个人呼吁来改变，但无论未来景观美学如何发展，追求真善美，构建人与自然的和谐共生将是人类景观审美不变的主题。

1.4 应用层面：设计及工程多学科交叉 Applicability: in the intersection of design and engineering

　　景观学是一门应用的科学。景观多种维度的交叉与融合贯穿于景观规划设计和施工的每个环节。通过规划设计施工后建成的公园、居住区绿地、商业办公环境，无不包含着景观对社会需要的响应、对美学的追求。各学科理论在实践中交融，不同维度的理论和方法在实践中碰撞。

图 1.20 土耳其伊斯坦布尔泽奥陆生态城市
Figure 1.20 Eco-city in Istanbul, Turkey
引自 (Source): http://xiaozu.renren.com/xiaozu/104314/334620166

图 1.21 适应气候变化的景观设计
Figure 1.21 Climate change adaptation landscape design
引自 (Source): http://www.landscape.com.cn/news/global/2011/87739.html

1.4.1 规划设计 Urban planning

　　景观规划设计是景观从理论走向应用的第一步。景观设计师对场地特征和设计要求进行科学理性的分析，找到场地存在的问题，进而形成解决方案和解决途径。好的规划设计集中体现了高度社会责任感、良好的生态价值观和独特的审美追求。

　　万科第五园[9]

　　•体现地域文化；

　　•传统园林文化的集成与发展；

　　•现代人居理念。

图 1.22 万科第五园
Figure 1.22 Vanke No.5 Garden
引自 (Source): www.landscape.cn

　　静安寺广场[10]

　　•协调场地交通、观光、休闲、科教、商业等多重功能的社会责任感；

　　•结合城市规划，促进地区兴旺；

　　•场地满足多样人群和多种活动需要；

　　•不同风格景观的融合。

图 1.23 静安寺广场
Figure 1.23 Jingan Temple Plaza
引自 (Source): http://www.shzgh.org/node2/node4/2007hzjl/yzsh/swhz/userob
ject1ai43799.html

1.4.2 园林施工 Landscape construction

景观规划设计是景观应用的重要一环，但景观建成后能否达到规划设计的预期效益，主要取决于景观施工。景观施工需要在对设计思路深入理解的基础上实施，如果说各种维度各科学科在规划设计中的表现是显性的话，那么，在景观施工中则是以一种隐性的方式继续对景观发挥巨大的作用。

West8设计的Schouwburgplein广场就是一个将多学科多维度结合进景观施工的上佳实例。

Schouwburgplein广场位于充满生机的港口城市鹿特丹的中心，1.5hm²的广场下面是两层的车库，这意味着广场上不能种树。针对这个问题，设计者一方面在设计中强调了广场中虚空的重要，通过将广场的地面抬高，保持了广场是一个平的、空旷的空间，形形色色的人物穿行于广场，如同一个舞台，每一天、每一个季节广场的景观都在变化。在施工层面，使用一些超轻型的面层，以降低车库顶部的荷载。这些材料有木材、橡胶、金属和环氧基树脂等，它们分不同的区域，以不同的图案镶嵌在广场表面。各种材料展现在那里，不同的质感传递出丰富的环境气氛。广场的中心是一个打孔金属板和木板铺装的活动区，夜晚，白色、绿色和黑色的荧光从金属板下射出，形成了广场上神秘明亮的银河系。

图 1.24 舒乌伯格广场
Figure 1.24 Schouwburgplein in Rotterdam, the Netherlands
引自 (Source): www.west8.nl

施工过程中，通过保留现场树木、选取乡土植物、采用环保型病虫害防治措施等体现绿色景观；通过采用雨水收集和中水利用的节水措施、数码控制喷灌系统、数字化高效率的综合检票系统等体现科技景观；通过植物配置、以人为本的设计策略、完善周到的无障碍设施等体现人文景观，最终形成了与体育场的结构肌理合二为一的良好景观效果。

保留现场树木，某种程度上就是保住了这块场地的原住民。施工中采用原地保留及场内移栽等措施，保留了大量原生树木，形成了良好的生态景观效果。

为达到节水的目的，施工中采用了雨水收集和中水利用等技术措施，其中雨水收集采用条缝式收水技术，增加雨水收集量的同时形成了良好的景观效果；绿地中雨水口高出绿地，以保证绿地中雨水的充分渗透；充分利用中水作为景观用水，保证水资源的循环利用。

充分考虑到人性化的使用需求，采取了多重周到的无障碍设计措施，包括：（1）9m宽的主要道路满足轮椅和视力残疾者使用要求，3m宽的次要道路满足视力残疾者使用。有高差变化处和不适合轮椅通行的次要道路两端均布置了提示标志。（2）9个安全控制点设置了18个无障碍检票通道，面向体育场南侧、西侧和北侧三个观众主要来向。（3）在南北两处室外下沉售票处外均设计了满足无障碍设计要求的坡道，并分别设置了残疾人售票窗口和方便残疾人使用的电话。

图 1.25 北京奥林匹克运动会国家主体育场（鸟巢）的雨水收集设施
Figure 1.25 Beijing Olympic Games National Stadium rainwater collection and reuse system
引自 (Source): www.beijing2008.cn

正是因为有了多学科、多维度的技术支持，鸟巢场地的景观才能显得如此丰富和充满内涵，绿色、科技、人文的理念才得以彰显[11]。

第2章 景观设计的社会维度
Chapter 2 The societal dimension of landscape design

2.1 "空间—场所—领域"的营建与人的活动 Construction of "space-place-domain" and everyday life

2.1.1 "空间—场所—领域"的营建 Construction of "space-place-domain"

在建筑学及造型领域里，任何一个空间都有空间、场所和领域三个特性。空间就是在可见的实体要素限定下所形成的虚体。限定空间的实体越强，空间的有限性就越强。空间的场所性表现空间意向和风格，而空间的领域性就是人所占有与控制的一定的空间范围，即个人要求不受干扰，不妨碍自己的独处和私密性。

小空间，如儿童游戏场、公交候车处、口袋公园等，在尺度上满足20～25m的外部空间模数。该类空间通常具有明确空间用途，如邻里社交、候车、午间休闲等，外部围合感强，内部开敞。人们能清楚地看清楚别人的面部表情和行动，他人的活动变得真正令人感兴趣，也就为不同人群之间交往行为的发生提供了可能性。在这样的空间里，充足的坐凳、挡墙、花池等必不可少，这些景观元素让人自由地依靠，并实现自我展示。人们可以聊天、静坐、观景，人与人之间的距离亲密，对个人领域性的要求相当不高。

中心广场、公园节点是由多个小空间组成的中型空间集合。这样的空间面积通常几百上千平方米，各中心空间之间通常用园路或高差、绿化挡墙等进行一定分隔，既相互联系，又视线通透。不同小空间里的人们可以清晰看见别人的行为，但不一定能看清别人的表情。共同行为模式或目的的人聚成小群，人与人之间的关系是松散的，能够保证个人领域的私密性，又能自由地人看人，感受整体空间的气氛。这类空间的场地精神营造非常重要，充满人情味的景观小品、色彩丰富、层次鲜明的主题演绎能有效聚集人气，吸引各种社交活动。

若干节点的集合组成了城市公园。城市公园的面积从几公顷到几平方公里不等，从空间上来说，属于大空间。由于每个人都有出于自我安全的防范意识，过大的空间会削弱个人领域感，让人不愿在空旷的空间中部停留，而喜欢聚集在边缘地带。对这类空间，有序的空间组织，清晰鲜明的场地特征，复杂的场地功能是设计的关键。有了适当的环境，各种更大型、更复杂的公共活动就自然而然地发展起来。

表2.1 不同尺度中"空间—场所—领域"的营建与人的活动
Table 2.1 Different scales " space–place–domain " construction and human activities

	空间尺度感	场所人文的表达	领域私密性
口袋公园	单个空间	满足现代都市生活方式的需求	更亲密
城市公园	各个中心场所之间形成了一定的空间秩序和等级次序	场地精神，西雅图煤气公园	个人活动不受干扰
绿地系统		城市特色，各种物质、文化特色融入到空间的构成元素，形成鲜明而富有特色的主题	要求各种领域性不同的空间

2.1.2 人的需求的变换 Meeting changing necessities

景观是伴随着人类的生活而产生的，表达了人们对理想栖居环境的追求，随着社会的发展，人的需求发生了变换，景观的形式功能也随之发展进步。当原始人类在为温饱奋斗时，景观以狩猎场、房前屋后的园圃形式存在。当贵族士大夫追求精神的自由，希望在朝堂和江湖间寻求平衡时，景观成为了他们畅情抒怀的山水庭院。当历史进行到21世纪，现代人们饱受快节奏生活的压力、环境恶化的威胁，人们对景观提出了新的要求。可以促进交流，老人儿童在其中能够自由安全地活动。人们要求办公商务景观各具特色，既能体现办公建筑的个性，又能满足办公人员交谈、休憩之用，还能与周围城市环境融为一体。

人的需求的变换是景观更新发展的原动力，优秀的景观设计应该将景观系统中诸要素相互配合，在满足现代生活赋予景观的新要求，为人们提供实用、舒适、精良的户外环境。

图 2.1 人性化小空间
Figure 2.1 Human oriented design small space

图 2.2 亲水空间
Figure 2.2 Waterside space

2.1.3 景观对人的引导 Landscape as a guiding force

景观设计要满足人的各项需求；反过来，景观对人的行为也有积极的引导作用。

公共空间能够成为人们的活动条件，激发社会活动的发生。个人的户外活动可以分为三种类型：必要性活动、自发性活动和社会性活动。必要性活动在各种条件下都会发生，而自发性活动只有在适宜的户外条件下才会发生；社会性活动是公共空间中有赖于他人参与的各种活动[12]。人们是否乐于在邻里空间停留，广场能否吸引广泛的公共活动，都与景观设计提供的环境有关。

人的行为天生具有"边缘效应"，人们喜爱在林地、广场、海滩的边缘逗留，开敞的旷野或尺度巨大的广场中心则少人光顾[12]。利用边缘效应，促进人的停留是景观引导的重要方式。在大学景观规划设计中，被视为"校园客厅"的中心广场一般位于校园主要交通的节点，广场边缘通常处理成柔性边界，设置咖啡茶座、书吧、快餐等功能，增加师生的停留与联系。广场周围布置使用率较高的图书馆、学生活动中心等建筑群体进一步促进人流的交汇。在这样的校园广场中，人们喜欢驻足停留，能够平等、开放地交流，这是通过景观塑造大学精神的重要手段之一。

图 2.3 人在校园广场的活动
Figure 2.3 People in the campus plaza activity
引自 (Source): http://www.asla.org/2011awards/456.html

一些位置偏僻的公园绿地易受到偷窃、破坏等犯罪活动的消极影响，人们害怕安全受到威胁，通常不愿意去活动。合理的景观设计能有效抑制犯罪，给人们带来安全感。设计师可以通过设置显性的视线轴和畅通的交通路线，减少场地与周围街道的分隔。通过设计醒目的入口以及在夜间给予充足的照明来改善户外空间中活动死角的形成，引导人们更多地使用场地。

图 2.4 公园绿地充足的照明
Figure 2.4 Urban areas and park lighting
引自 (Source): www.zhulong.com

2.2 社会价值的体现 Landscape architecture reflects social values

景观的发展是与社会的发展紧密联系的。景观的社会价值在于，良好的景观环境有助于促进公众健康，完善社会公平，刺激社会方方面面的发展与进步。

2.2.1 促进公众健康 Promoting public health

公众的身心健康是社会和谐发展的基础。随着城市化的进程加快，人们生活节奏加快，生活在"水泥森林"里的人们身心出现了种种健康问题。园林绿地景观能够通过增加空气湿度、提升空气含氧量等途径，有效改善城市人居环境，并通过视觉、嗅觉、触觉等的感官刺激，帮助人们缓解内心压力，重获身心活力。优美的景观环境对促进国民素质的提高、社会的长治久安非常重要。

2.2.2 完善社会公平公正 Effects social fairness and equity

景观为谁设计？维护社会公平的两个支柱就是制度与道德。两者偏废一方，均会造成公平的失衡。景观设计师天生就是这个平衡的维护者之一。为残疾人设计无障碍景观设施，为低收入群体设计朴实、精良的居住环境，为高密度城市见缝插针地设计口袋公园，公众参与景观决策……景观设计师为解决存在的社会问题和矛盾，提出合理的建议，促进社会的公平公正，关注那些被遗忘的角落是景观设计师义不容辞的责任与义务。

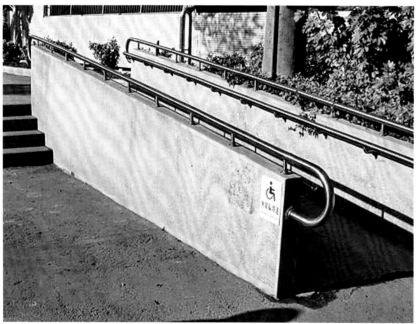

图 2.5 公园中的无障碍设施
Figure 2.5 Barrier-free design in parks
引自 (Source): www.landscape.cn

图 2.6 低收入居住区景观
Figure 2.6 Landscape designs for lower-income residential areas
引自：为谁设计——景观设计的社会关怀. 景观设计学. 2011（2）.
Source: Design for Who—Social Care in Landscape Design. Landscape Architecture. 2011（2）.

2.2.3 促进场地复兴 Promotes renewal and redevelopment

　　与过去相地造园、锦上添花的情形不同，今天的景观设计师面对越来越多的场地复兴、废弃地改造，其社会价值已经超越了历史上任何时期。今天的景观设计师更多的是在治疗城市疮疤，用景观的方式修复城市肌肤，促进城市各个系统的良性发展[5]。在这样的情况下，景观设计师的社会价值不在于创造了怎样美好的形式，而是在于改善了区域生态环境，转化了场地功能，一定程度上解决了由于环境衰落带来的社会经济矛盾，赋予场地新的生机。

图 2.7 西雅图煤气厂景观
Figure 2.7 Seattle Gas Works Landscape
引自 (Source): www.landscape.cn

2.3 文化价值的体现 Landscape architecture reflects cultural values

2.3.1 传统文化的传承和保护 Preservation of traditional cultural heritage

景观的文化价值首先体现在对传统文化的传承与保护。与单纯的建筑保护和城市设计相比，景观保护的不是那些过去已经形成的东西，而是对文化地域性、时代性的综合保护、延续和传承，是其他学科或方法无法比拟的。

中国在五千多年的发展历程中，积淀了丰富灿烂的文化，形成了大量宝贵的历史文化遗产，包括古运河等自然景观和古城墙、历史名园、历史街区等人文历史景观。近年来，为了谋取更大的经济利益，大规模的破坏或者无序开发正威胁着这些宝贵的历史文化遗产。通过景观手段对历史文化遗产进行保护和改造，让那些传承千百年的生活方式和精神得以延续，中华民族的传统文化之花才能永远绽放。

图 2.8 景观与传统文化传承
Figure 2.8 Landscape and the heritage of traditional culture
引自：线性景观. 景观设计学. 2009（4）.
Source: Linear Landscape. Landscape Architecture. 2009（4）.

28

2.3.2 反映当代艺术审美 Reflect contemporary arts and aesthetic

伊利尔·沙里宁曾说："让我看看你的城市，我就能说出这个城市居民在文化上追求什么。"景观设计从一开始就从艺术中吸取了丰富的形式语言，它反映了时代的艺术审美追求，也是城市文化的重要载体。

现代艺术流派层出不穷，从现代艺术早期的立体主义、超现实主义、构成主义到后来的极简主义、波普艺术、大地艺术，每一种艺术思潮和艺术形式都为景观设计师提供了可借鉴的艺术思想和形式语言。人们欣赏典雅精细的古典园林，也喜欢大色块、造型奇特的现代造型。彼得·沃克的作品受人欢迎，生态景观也广泛接受。传统建筑美学着重研究的"美感"范畴已被拓展，与构图均衡、比例协调等传统要素相比，现代景观审美重视景观艺术的"表现力"，甚至有时一件艺术作品可能被认为怪诞，但只要它具有强烈的表现力，能够满足某些现代人的猎奇心理，或是能够达到景观艺术所要追求的意义，也应该说它就体现了一定的审美价值。当代，不同的人具有不同的艺术品评标准，但可以肯定的是，对多元化、个性化审美的追求正是当代审美观的重要特点。

图 2.9 最早受现代艺术影响形成的景观——Hyeres 的别墅庭院
Figure 2.9 The earliest landscape design influenced by modernism–the Courtyard by Hyeres
引自：张丽梅. 从抽象主义到现代景观. 中国建筑装饰装修，2008（4）.
Source: Zhang Limei. From Abstraction to Modern Landscape. China Building Decoration，2008（4）.

图 2.10 彼得·沃克极简主义景观
Figure 2.10 Plaza Minimalism design in Berlin by Peter Walker and Partners
引自 (Source): http://www.landsint.com/Product_32.aspx

图 2.11 施瓦茨景观设计
Figure 2.11 Landscape design by Martha Schwartz
引自 (Source): www.landscape.cn

　　景观设计师要做的就是，如何设计反映时代精神的作品，这是景观文化价值的本质体现，也是社会赋予景观设计师的神圣责任。

2.4 价值创新 Value innovation

景观设计是一项协调人地关系，服务于人和地球上一切生命体的学科。自然、城市都是有生命的，景观的创造也是一个不断发展、不断创新的过程。景观的价值创新在于如何满足人类和其他生命的尚未被满足的需求，为人与自然的协调发展提供更大的价值。景观的价值创新具体表现在形式、功能、技术的创新三个方面。

2.4.1 功能创新 Function innovation

随着人类从以简单劳动为主的农业时代走向以复杂劳动为主的后工业时代，景观不断发展出新的功能。景观不再是"城市美化"的展示工具，或是供贵族士大夫祭拜天地、消解落寞的私人领地，其功能拓展到平衡人地关系，关照普通人的基本需求的各个方面。除了综合性公园、居住公园以外，出现了基于心理疾病治疗的康复花园，基于生态与审美的雨水花园，基于文化展示和场地恢复的艺术公园等。各种新兴景观反映了景观功能正紧跟社会发展的脚步前进。当代的景观正在回归到它本质的概念，景观的功能创新为解决社会、经济问题提供了前所未有的途径。

图 2.12 康复花园
Figure 2.12 Healing Garden
引自 (Source): http://www.yuanlinwang.net/asp/showdetail.asp?id=7889

图 2.13 静安雕塑公园
Figure 2.13 Jingan Sculpture Park

图 2.14 札幌艺术公园
Figure 2.14 Sapporo Art Park
引自 (Source): http://www.pillow2.com/spot/show/6492

2.4.2 形式创新 Form innovation

  景观的形式创新主要体现在不同理念、不同艺术的碰撞交融中，如日本著名现代景观大师枡野俊明，将日本传统禅文化融入现代设计理念，虽然用的材料手法有些还是传统的，但是，由于时代背景和理念的不同，浓厚的传统文化通过新的诠释绽放现代艺术的光辉[12]，其形式创造了令人耳目一新的景观。后工业景观改造中，废弃的高架铁路改成了公园的空中步道，生锈的钢条组成了夸张景观雕塑，瓦砾碎石被砌成颇具工业美感的挡土墙。这些闪耀着后工业审美追求的创新性设计，同样体现了景观形式的与时俱进。

图 2.15 枡野俊明禅意景观
Figure 2.15 Dou Ye Toshiaki Zen Garden
引自 (Source): http://www.wuald.com/bbs/forum.php?mod=viewthread&tid=3175

2.4.3 技术创新 Technological innovation

　　景观价值的创新离不开新技术、新材料的使用。越来越多的设计师在设计中遵循生态原则，这些原则的表现要通过新技术来实现。人工湿地、生态驳岸、近自然造林……生态工法将设计师协调人与自然的美好设想变成现实。技术创新也带来了设计材料的拓展，各种材质、色彩、强度、光影特征的新材料，给景观设计师创作提供了更多选择。

图 2.16 人工湿地处理
Figure 2.16 Artificial wetland treatment
引自 (Source): www.landscape.cn

图 2.17 后滩公园生态河道
Figure 2.17 Houtan ecological revetment

第3章 景观设计的经济维度
Chapter 3 The economic side of landscape design

3.1 设计的独创性：创造景观的未来价值 Originality: creating the future value of landscape

3.1.1 未来旅游业 Future tourism

景观是人类赖以生存的土地的一部分，美好的景观成为人们的向往地，是旅游的基本元素。未来，景观将越来越多地与旅游密不可分，景观正在成为未来旅游业的核心价值增长点。

在当代，人们旅游就是享受景观、"消费"景观。正是旅游地的景观，使游客们沉浸在有别于生活常态的氛围中，满足他们的期望，放松他们的身心，旅游地必须保持独特持久的吸引力。据世界旅游组织预测，中国到2020年将成为世界第四大旅游出境国和第一大旅游入境国。旺盛的旅游需求和日趋成熟的游客使得旅游市场的细分化、旅游方式的多元化、旅游地产化成为旅游发展的新趋势。如何为见多识广的游客提供高品质旅游产品？答案仍然离不开景观。

1.市场细分化与个性地域景观

现代旅游业已经出现了市场细分化趋势，根据人们的需求组织各具特色的旅游产品。除传统的自然观光游外，民族风情游、历史文化旅游、都市体验游等旅游需求受到市场的欢迎，休闲养生游、中华名校游、购物休闲游等新兴的旅游形式也日益受到关注。未来的这种趋势必将成为旅游发展的主力军。而这些细分的旅游产品打造，首先要在旅游地景观的保护和开发上注入个性的特色，创造自己的品牌。

突出地域特色是个性化旅游景观塑造的一种重要方式。桂林山水与张家界风景不同，山城重庆与人间天堂的杭州在生活方式、文化习俗方面存在差异。或旖旎秀丽，或雄奇险峻，或粗犷豪迈，或精致细腻，不同景观给人带来不同的享受，互相之间不能替代。在旅游市场细分化的趋势下，旅游景观设计要求根据所在地的自然气候条件，充分利用当地得天独厚的植物、地形等资源，结合特殊人文资源，创造具有当地特色的旅游景观，从而实现人们"换个环境"的旅游目的。

在海南国际旅游岛的建设中，独树一帜的热带景观为当地旅游业发展做出了巨大贡献。在近年来受到广泛赞誉的呀诺达热带雨林景区，棕榈科植物以其别具特色的茎秆和叶形被摆放在重要景观节点上，木本花卉及花灌木作中层植物，再配以色彩艳丽的地被植物，组织成特定的景观空间。热带植物与园林建筑中的山、水、石、桥、庭、台、楼、阁相互搭配，相映生辉。黎族独特的干栏式船型屋建筑，掩映在森林中，构成其他地区园林难以企及的热带园林景观。为了让游客深度探索热带雨林景观，旅游内营造了4.6公里长的生态栈道，最大限度地减少了对环境的破坏，又能将海南热带雨林的精华以最原始、最自然、最和谐、最清晰的方式呈现在游人面前。

图 3.1 呀诺达热带雨林景区
Figure 3.1 Yanoda Tropical Rainforest Scenic Area
引自：陈跃中等. 风景旅游区规划设计新模式——"大区小镇"呀诺达热带雨林生态旅游区. 中国园林. 2012（3）.
Source: Chen Yuezhong etc. Scenic Area Planning and Design of New Model-" Big Town " Ah Nuoda Rainforest Ecological Tourism Zone. Chinese garden. 2012（3）.

在沙漠"奇迹之城"迪拜的皇家梦幻度假项目中，EDSA——反西方现代风格，强调对当地传统文化、历史及场地的尊重和融合，由规划师、景观师、建筑师和开发商同步参与设计全部过程，大到整体布局小到泳池及雕塑[13]，成功创造出具有伊斯兰风情和独特生活体验的国际旅游度假项目。

图 3.2 迪拜的皇家梦幻度假项目
Figure 3.2 Royal Dream Resort in Dubai
引自 (Source): Http://news.xinhuanet.com/photo/2007-07/31/content_6454484.htm

2. 形式多元化与精致景观

由于旅游已成为一种常见的生活组成，越来越多的游客已不满足于在各个旅游点之间长途跋涉、疲于奔命的旅游方式。人们从传统的追求开阔眼界、增长见识逐渐转向更高端的体验式旅游、探险旅游、休闲度假游、疗养健康游。对于某些值得细细品味的旅游地，人们会不满足一次短暂的停留，可能一去再去。未来的旅游业发展不仅要以优美的风景吸引人，而且将以精细的景观留住人。

对于养生度假型旅游，游客希望不但有优美的自然景观，更对养生住所、度假酒店的景观环境和条件有极高的要求。景观设计师通常将外围的自然美景引入酒店，通过生态化、艺术化的设计手法表现精致个性的内部景观。各种高端或极高端的餐饮、养生，休闲娱乐服务更是不可缺少，游客在这里享受自然天成的旅游度假时光，更纯粹、更好的悠闲慢节奏生活，同时这些产业也因此具有了完善的配套功能和投资价值。

图 3.3 三亚维景国际度假酒店景观
Figure 3.3 Landscape design for Sanya Metropark International Resort and Hotel
引自 (Source): www.landscape.cn

图 3.4 三亚凯莱度假酒店
Figure 3.4 Sanya Gloria Resort and Hotel
引自 (Source): http://www.go2hn.com/go2sanya/lvyou/kldjjiudian.html

夏威夷Kapalua社区坐落于Mual岛西北海滨，定位为高级白领人士及外籍人士的旅游度假区，是夏威夷重要的度假胜地，也是高级别墅区。该社区的景观采取高品位统一规划设计，保留了自然原生态地貌，融合了自然景观与必要的土地利用。集中修建豪华海湾度假设施及酒店、独立别墅、购物等相关配套设施，修建了高尔夫和网球场、植物园灯娱乐设施，不但受到年长者和家庭客户的欢迎，更吸引了更宽层面的高档客户群。

图 3.5 夏威夷 Kapalua 社区
Image 3.5 Community in Kapalua, Hawaii
引自（Source）: www.landscape.cn

体验型旅游景观注重精致景观与活动体验的结合。旅游者渴求亲身体验当地人民的生活，直接感受特色民族文化风情，景观应与当地的丰富特色的文化活动、生活方式相结合，让游客游娱结合，从景观互动体验中获得身心的极大放松和愉悦旅游。

哈尔滨亚布力风车山庄是世界十大滑雪旅游低价地之一，其精致景观不仅体现于充分挖掘当地独有资源，建设了极具北国特色的冰雪世界景观，更体现在配置高档酒店、会议中心等服务设施，注重细节设计，使亚布力由默默无闻变为了中国"达沃斯"。

图 3.6 哈尔滨亚布力风车山庄
Figure 3.6 Harbin Yabuli Windmill Chalet
引白（Source）: www.nipic.com

3. 主题旅游与主题景观

旅游是一种文化产业，近年来主题性旅游逐渐成为重要的旅游形式，主题性旅游围绕某一主题营造梦幻新奇的环境，文化内涵是其价值和灵魂所在，而这种文化性主要通过景观体现出来。

迪士尼乐园是主题旅游最典型的代表。设计师运用极其丰富的景观手段营造了万花筒般的奇妙世界，是迪士尼旅游成功的关键。梦幻乐园的入口标志景观是法国式和巴伐利亚式的城堡，建筑轮廓高耸、优美、丰富，成为迪斯尼乐园的象征；冒险乐园则是由非洲部落的泥草房、树屋、洞穴等组成的原始环境，景观风格粗朴；未来乐园采用的多是一些极具现代感的形象，如宇宙山、火箭、潜艇、高速列车等。通过对各主题区进行特殊的景观设计和活动设计，使每个主题区都营造出一种独特的气氛，再通过整体的形象设计和协调，使各主题区又有机地融为一体，实现了迪斯尼本人所设想的"万花筒式的奇妙娱乐形式，反映捉摸不定的智力，呈现一个合乎逻辑的人工世界"。

图 3.7 迪士尼乐园景观
Figure 3.7 Landscape design at Disneyland
引自 (Source): www.disney.cn

北京的798创意街区、上海的田子坊则以独特的景观与艺术的结合深深吸引着国内外游客和艺术爱好者。艺术家们将错落的工业厂房、斑驳的石库门稍作修饰，改建成了时尚地标性的创意产业聚集地。每一个露天咖啡座，每一家工作室都极力展示着属于自己的风格。创意景观让原来的废墟充满了时尚和艺术的光芒，华丽变身为新兴的艺术主题旅游地。

图 3.8 798 创意街区
Image 3.8 798 Creative blocks
引自 (Source): www.nipic.com

图 3.9 上海的田子坊
Figure 3.9 Shanghai Tianzifang
引自 (Source): http://guide.lvmama.com/2011/0111/123077.html

景观是旅游业发展的物质载体，承载着人们摆脱日常生活，追求身心健康、精神自由的美好愿望。可以预见，整合优美自然风景和丰富人文资源的个性地域化、精致化、主题化景观设计是未来旅游业蓬勃发展的基础和希望。

3.1.2 未来地产业 Future real estate development

"人，诗意地栖居"。 对美好生活的追求，是人类社会发展的根本动力源泉。

从福利分房时期，面对兵营式居住区均匀排布的住房，人们看中房屋面积、楼层高度，从未考虑景观质量；到房地产市场化初期，人们开始关注小区的绿地面积是否达标。时至今日，人们的居住价值观发生了巨大变化，追求高质量、健康、舒适、个性化的住区品质已然成为人们的重要价值取向。作为楼盘外环境的物质载体，景观承担了打造美景、烘托家园氛围和生态保健的多重功能，万科、龙湖、星河湾等一个又一个景观楼盘的成功，不断证明着高品质楼盘景观对地产业发展的重要作用。

近年来，政府对房地产开发调控力度的加大，人们购房也日趋谨慎造成了地产行业竞争加剧。虽然经营理念方法发生了变化，但地产业竞争的核心仍然是谁能提升产品品质，谁能迎合大众心理，谁就能在未来的房地产市场竞争中立于不败之地。房地产业正向着精品化、规模化、绿色低碳化方向发展。景观将在未来地产业发展中扮演越来越重要的角色，成为楼盘品质提升的有力保证、地产开发投资获利的重要手段。

1. 景观与精品楼盘

精品楼盘必然需要精品的景观环境。精品楼盘体现主题定位的主题化、情景化。

买房就是买生活。与传统相比，现代的楼盘越来越强调为顾客创造一种新的生活方式，希望通过营造了一种美好的居住氛围，让人身临其境，犹如置身世外桃源。这样，情景主题楼盘应运而生。打造情景主题楼盘的核心即运用各种景观元素围绕一个特定主题进行景观塑造。景观之于情景主题楼盘，无异于砖瓦水泥之于建筑，不同的景观设计手法、不同材质的景观小品、不同形态的植物决定了情景主题表达。

图 3.10 深圳万科四季花城
Figure 3.10 Shenzhen Vanke Four Seasons Flower City
引自 (Source): http://ba.winfang.com/tie-38129.html
http://mm.79mn.com/t/230886.html

　　房地产与艺术、体育、旅游等不同产业的结合，催生了各种主题地产的发展。奥林匹克花园系列地产以宣传奥运精神，推广体育健康为主题，卡拉扬（KARAJAN）系列地产瞄准了音乐艺术，深圳华侨城欢乐谷从旅游文化拓展到居住。然而不论如何定位，独特细致的景观都是做好主题地产的关键，如西安奥林匹克花园，在运动无处不在的理念下，以风景追随运动场地、以自然迎送运动设施，分化出雅典神韵、关中古风、民间康体、现代竞技等六大体育文化景观轴，悠久的民间景观、异域的美学珍品与不同时代的运动场景互相辉映。全方位人性化的主题景观设计将体育精神和健康生活的理念融入地产的血脉。

图 3.11 深圳华侨城欢乐谷
Figure 3.11 Shenzhen Eastern Overseas Chinese City Garden

图 3.12 卡拉扬（KARAJAN）国际花园
Figure 3.12 Karajan International Garden
引自 (Source): http://tupian.hudong.com/78575/8.html

　　高端的景物需要精细化的景观设计施工来保障。道路和硬质铺装精心设计施工，精益求精的细部设计及工程施工标准，特殊的植物栽植技术，不仅保证了景观小品的质量，而且大大提升了景观艺术的表现力和感染力，对楼盘品位的提升具有重要作用。行业翘楚星河湾地产正是因其追求完美的细节、令人惊叹的园林景观和特色的规划设计，实现了每个楼盘高品质标准，在行业中获得了上佳的口碑，赢得消费者青睐。

图 3.13 浦东星河湾景观
Figure 3.13 Star River landscape

可以说，正是对独一无二、与众不同的精品景观的不懈追求，提升了精品楼盘的品质与档次。

2. 景观与住区规模化

近年来，随着城市化进程的加快以及大品牌房企的大规模买地，住区规模化趋势成为众人关注的焦点。住区规模化即在市郊或郊区以造城的方式，让住区与城市共同成长发展，将最新最完善的城市规划和景观营造应用在新城建设中，重点发展以商住、办公、服务等为主体的现代综合服务业。住区新城化建设在带动地区发展的同时，也极大地改善了该区域居民的生活质量水平。住区景观作为住区新城的一种效益来源，是住区新城化模式成功的关键。

深圳华侨城的开发创造了著名的"华侨城模式"。首先提出在"花园中建城市"的理念，高起点地打造新城景观。在深圳南山区华侨城已开发的5平方公里面积内，绿地覆盖率达53%，达国际城市绿化率领先水平，走出了一条"以文化营造环境，以环境创造效益"的可持续发展的新路子。

图 3.14 深圳华侨城景观
Figure 3.14 Shenzhen Overseas Chinese City landscape
引自 (Source): http://bbs.tiexue.net/post2_3894623_1.html

广州的汇景新城，在小区中打造城市化的公共空间，是一个汇聚诸多景观的"新城"，体现了较为明显"造城"思路。2公里长的中央生态景观带、3万平方米的汇景湖、亚太国际俱乐部、公立省级重点中小学47中、汇景国际幼儿园、法国学校、汇景高尔夫乡村俱乐部、亚太盛汇商业街、国际文娱中心、龙熹山山顶公园等大型配套设施。这种大规划大配套超越了豪宅只能依靠稀缺山水资源成就身价的定义，打破豪宅不能做大的传统。

3. 景观与生态低碳

"出则繁华，入则自然"，是每一个都市人的居住梦想，以生态环保为主题的地产正是载着这样的居住梦想应运而生的。以绿色植物为主体的生态景观将继续在生态低碳理念的楼盘中扮演着重要角色。

生态景观的绿量大，绿化品种丰富，景观优美宜人，生态效益显著。与硬质景观相比，成本投入少，却能产生"城市山林"般的效果。人们在自家阳台就可以观望到青山绿水，呼吸到新鲜的空气，享受与自然的零距离，极大地满足了追求健康和高尚生活的内心需求。

除了传统的高绿地率，让生态低碳景观融入生活也成为地产发展的新方向。低碳，意指较低（更低）的温室气体（二氧化碳为主）排放。低碳生活不仅是每个公民的社会责任，同时也是舒适健康人居环境的保障。过去许多开发商追求大而洋的人工水景、大而无当的草坪，不仅不能创造舒适的居住环境，更重要的是消耗了大量的自然资源，极不可持续发展。目前国际上比较成功的低碳社区，在景观中采用高固碳植物群落构建、生态水景、屋顶花园、立体绿化、生态铺装材料等技术，在强化住区固碳能力的同时，创造优美居住景观。自2004年以来，万科开发出一系列绿色示范项目，创造了景观与生态低碳的完美结合。万科朗润园综合采用了外墙保温、屋顶绿化、自平衡式通风系统等26项生态技术，从小区和室内的水、声、光、热等多角度创造立体生态环境。万科东丽湖的规划积极利用地域的生态资源，进行生态水景设计。利于水体、湿地和野生动植物组成综合生态景观，将居住于自然和谐结合，创造具有融入性和亲和性的自然居住环境。生态低碳技术正以景观的形式越来越多地融入人们的住区。追求更好的外部环境，更具特色的居住氛围将是未来地产业发展的不变目标。

图 3.15 万科东丽湖生态住宅
Figure 3.15 Vanke Eastern Beauty Ecological Housing
引自 (Source): http://sz.focus.cn/votehouse/1994.html

作为楼盘外环境的物质载体，景观承担了打造美景、烘托家园氛围和生态保健的多重功能，可以预见，景观将在未来地产业发展中扮演越来越重要的角色，成为楼盘品质提升的有力保证，地产开发投资获利的重要手段。

3.2 景观设计的外部经济性：创造与景观相关的经济价值 Landscape design's external economy: create economic value in related fields

3.2.1 城市绿地的经济学属性——外部正效应 Economic lessons from the external benefits of urban green space

绿地能够提高人们的精神层次，产生社会交流的空间，构成一个充分的娱乐媒体，并且可以改善城市总体的美学形象，在美学、社会和生态上的作用毋庸置疑。在经济层面，城市绿地的价值正在逐渐被人们所认知：城市绿地具有的独特外部经济效应，能产生巨大的经济价值。

公共物品（准公共物品）对社会其他成员产生效应（带来利益或造成损害），而自身又没有根据这种效应而从社会其他成员获得相应报酬或承担相应损失，即外部效应。其中，有利的外部效应称为外部正效应，有害的则称为外部负效应[14]。众所周知，作为一种典型的准公共物品，城市绿地的建设会带来环境质量的极大改善和周边房地产的迅速升值，绿地的环境效益既为其所有者享用，亦为其他的人所享用，其他人享用这部分效益的时候无须支付费用，这是公共绿地外部正效应最明显的体现。

城市绿化的外部正效应具有巨大的经济价值，体现在社会经济和人民生活的各个方面。首先是提高了环境质量，提升了地区的物业价值，改善了居住条件，造福人民；拉动了房地产市场、金融市场、装修市场、建材市场、劳动力市场、搬运市场等。除了投资者直接受益以外，对社会经济的拉动作用是很大的，只要进行综合核算，其经济效益将大大超过投资额。在上海市，随着大型绿地的建成，周边的楼盘成为市民追逐的热销产品，房价急剧上涨，原来一些空置的写字楼租借率也达到90%以上。据2002年的初步统计，建在公共绿地周围的商品房每平方米房价上涨约1500元[14]。许多城市和社区因环境改善、景观美化而招来投资者、旅游者，出现了"以绿引资，因绿兴市"的连锁反应，繁荣了经济，促进了整个社会的发展[15]。

3.2.2 城市绿地外部正效应的受益群体分析 Overall analysis of external economic benefits of urban green space

城市绿地的外部正效应主要反映为以下几种形式：周边环境质量提高，地价、房价升值，商业营业额上升，政府税收增加。相应的受益群体分别是：居民、房地产商和其他各类商家以及政府。

1. 居民

城市绿地的首要功能就是为周边居民提供一个满足休闲娱乐和有益于身体健康的绿色活动场所，服务市民，为市民所使用。生活在钢筋水泥森林里的城市居民与自然隔绝，渴望接触自然，回归自然。城市绿地不但让观赏自然成为可能，还能让人们在自然的环境中自由享受和煦的阳光、新鲜的空气和满眼的绿色，使人们身心放松，精神愉悦。

城市绿地形式多样，类型丰富，满足人们游憩休闲的各种需求。儿童在社区公园里嬉戏，老年人在邻里绿地里闲谈，城市中心绿地、城郊森林公园等则多被高收入群体和成年人所使用。不同年龄、阶层的人群都能从中得到适合的使用场所。

清新的空气、优美的自然景观、丰富的休闲设施，人们越来越认识到，良好的生活环境离不开城市绿地的贡献，高品质的生活与城市绿地息息相关。

2. 房地产商和其他各类商家

现代都市人追求返璞归真的理想居住环境，"公园地产"、"景观楼盘"等的地产开发模式应运而生。一时间，大型城市绿地附近房地产升值，房地产的主要经营者——房地产商从中获得了巨大的利益。

城市绿地景观优美，休闲健身条件齐备，交通便捷，生态效应强大，具有一般居住区绿地无法比拟的先天优势，绿地周边地块成为了地产开发的黄金宝地。据统计，在上海最大的生态型公园——世纪公园附近，5年前上市的天安花园均价4500元/平方米，而现在浦东世纪公园二期最高价达到22000元/平方米，5年内整整翻了5倍。

图 3.16 上海世纪公园及周边房产
Figure 3.16 Shanghai Century Park and surrounding housing
引自 (Source): www.nipic.com

历史文化底蕴，使得岳麓山公园附近，麓山恋·迪亚溪谷、岳麓山公馆、麓山别墅、汀湘十里、阳光100国际新城等项目竞相面市。而以天心公园——长沙最早的公园为销售卖点的城市中央的公园地产项目的均价最高已经达到了6300元/平方米，其他公园附近，如南郊公园、新河三角洲、金鹰城月湖、体育新城、市府麓谷等周边的楼盘均价也皆超过了4000元/平方米。而根据官方数据显示，2007年上半年，长沙市纯商品房均价为3278元/平方米，其中，商品住宅平均售价为3054元/平方米[16]。

从相差悬殊的房价可以看出，地产开发商从城市绿地的外部效应中获取了利润相当可观，可以说是城市外部正效应最大的受益者[14]。

3. 政府

绿地协调了人与自然、社会的关系，对保障城市可持续发展起着至关重要的作用。

城市绿地容纳自然、野生生物，保障自然系统中物质、能量的有序流动，构建了满足城市居民和城市发展需求的生态环境基础。

城市绿地保护场地历史文化的资源，为不同文化和阶层的人群提供运动和娱乐场所，促进社区的文化认同感和安全感，促进人们安居乐业，表现出强大的社会融合能力。

城市绿地营造了良好的城市经济发展环境，对经济发展和城市竞争力的提升具有巨大作用。优美的城市景观带动地区商业、房地产、旅游业和展览业等第三产业的快速发展。高质量的生态环境提高城市的知名度，带动整个城市的有形和无形资产增值，有利于吸引外资；形成对周边地区的聚集和辐射能力，促进区域经济的发展。闵行区地处上海市郊结合部，近年来大力推进"以绿兴区"方针，从而带动房地产的发展，闵行区前几年每年花在绿化的投资上亿元，这几年仅在房地产上获得的税收高达5亿元，这仅是短期的效益[17]。

从政府的宏观角度看，绿地是城市基础设施的一个重要组成部分，有力地促进了城市整体的繁荣和发展。

3.2.3 城市绿地外部效应的内部利益平衡 Balance of interests for the effects of urban green space

城市绿地是城市的重要基础设施，也是一个有生命的系统，不仅需要大量一次性的建设资金，还需要长期维持、养护的投入，于是如何保证城市绿地的外部正效益的可持续发挥，即如何筹措建设维护资金已成为城市绿地建设的核心问题。尤其现在，为让公众更好地享受城市建设和发展的成果，越来越多的城市公园开始免收门票，而这一举措也势必加重了政府的财政负担，使城市绿地建设的资金问题显得更加突出。

由于城市绿地是一种典型的准公共物品，具有显著的外部经济效应。虽然受益群体众多，但绿地自身无法根据其对社会的贡献，从受益群体中获得相应报酬。公众作为纳税者，享受城市绿化的环境效益合情合理。但是对房地产开发商来说，在享受绿地带来的周边房地产增值，餐饮、百货等商业营业额增加等的同时不需要付出任何代价，实际上是占用了社会的公共环境资源，城市绿地外部效应存在着内部利益的不平衡。在我国目前经济不够发达，政府财政有限的情况下，单纯靠政府的财政支持，很难实现城市绿地的良性循环。因此，急需政府采取一定的政策，将房地产开发商等经济实体的开发利益的一部分还原于绿地建设，使公共投资达到公共利润最大化。

在这方面，国外公共绿地的开发经营已经积累了很多成功经验，如美国纽约中央公园，500万美元购地费中的32%由周边房地产商以税收形式提供；成立了中央公园管理委员会作为后期管理机构。在管理资金来源上，主要采用私人和公司捐赠的形式；每年维护费预算约2200万美元，另外由政府提供1/4的员工，维护照明，设立派出所，维护治安[18]。

图 3.17 纽约中央公园
Figure 3.17 New York City's Central Park
引自 (Source): http://www.nipic.com/show/1/38/14d0e6e7e552c172.html

又如为了鼓励公共空间和绿地建设，纽约市通过了一项具有激励性质的区划制度。如果开发商在它的地块内设置诸如广场、连拱廊、院落等公共空间的话，作为回报，该城市将向开发商提供额外的建筑面积指标。并且，这些公共空间必须便于公众到达和使用，而且还要按照分区法规所规定的特征进行设计。这种新的公共空间仍然是属于开发商或业主的私有财产，但是却允许公众进入并使用[19]。除了以上税收和鼓励房产商来投资兴建公共绿地以外，通过制定政策，由房产商将额外收益用之于公共物品的建设，建立城市绿地建设管理基金，发行绿地建设债券等方式，也是解决城市绿地外部效益问题和受益群体受益负担失衡的有效途径。

3.3 建设成本上的经济性：易于施工与控制成本的景观设计 Economics of construction cost: ease of construction and control cost in landscape design

3.3.1 易于施工的景观设计 Landscape design that provides ease of construction

在如今的园林绿地中，尺度宏大的广场、修剪规整的树木和草坪随处可见；大规模的堆山挖池层出不穷；原有的植被一片片破坏，替代的是从各地长途移植来古树名木；草坪间充斥着各种园林建筑小品、精致的花坛，更有造型各异、配有音乐灯光的雕塑和喷泉，极尽绚丽与奢华[20]。而事实上，这些看似大气、精美的景观要耗费大量人力物力来塑造地形、改良土壤、移植树木，既违背了景观基本价值，又大大增加了施工难度和建设成本。如何改变这种不可持续的景观发展趋势？有必要首先从景观设计阶段做起，抛弃不计成本的过度设计，创造易于施工的景观方案。

1. 避免大规模地形改造，保持地形地貌完整性

园林绿化建设往往需要塑造地形，那些为了特定视觉效果而堆山挖湖，不仅建设成本巨大，还对场地生态造成极大威胁。对于这种情况，设计师应从方案设计入手，通过利用场地原有地形，因地制宜地设计山水构架，避免大规模的地形改造。可尽量采用微地形，或综合运用植物等景观要素扩大视觉高差，或者少用客土，尽量做到土方就地平衡，这样既可降低施工难度，又可节省土方和材料运输等产生的建设成本。

图 3.18 微地形景观
Figure 3.18 Microrelief

2. 自然式植物配置，减少大树移栽

大规格苗木株型优美、绿量充足，因其立竿见影景观塑造效果而在景观绿地中大规模使用。大规格苗木的种植，通常要从农村或山区移栽进城市，城市的气候、温度、湿度、土壤等环境条件与农场或山区差别很大，加之长途运输中的损伤，大树移栽后一般很难适应新环境。整个移植过程需要投入大量的人力、物力、财力，且稍有不慎便很难成活，造成的损失无法估量[21]。创造易于施工的景观，应在植物设计阶段控制大规格苗木的使用，通过巧妙配置乡土植物，增加复层结构，配合速生慢生植物的组合，使园中植物呈现出自然的美妙景致。

图 3.19 西溪湿地乡土植物的运用
Figure 3.19 The use of local plants in Xixi Wetland

3.3.2 就地取材 Local materials

近年来，城市园林建设中高档石材和木材的使用率呈直线上升的趋势。一些设计师错误地认为是否使用昂贵的建设材料是评价一个园林绿化作品好坏的标准之一，而抛弃了实用、经济和美观的原则，放弃使用体现本地特色的材料，从而造成不必要的资源浪费。如一些风景园林师将防腐木作为所谓"生态化"设计手段，大量使用木质栈道、木质平台、木质花池等，但由于北方等地气候条件及管理等方面的原因，这些木材在风吹日晒雨淋中"一年新，二年旧，三年就成废木料"，不但造成了对珍贵的自然生物资源的浪费，而且增加了建设维护成本。

现代园林应重视乡土材料的应用，从景观效果和社会效益来看，就地取材有利于延续历史文脉突出园林的地方风格，可避免"南桔北枳"的情况发生，同时满足生态化设计要求。从经济角度来看，乡土材料适应强、成本低，在园林建设中大量使用可以降低材料的运输成本、长途运输的损耗成本。

东方园林建设素来讲究因地制宜，不同地方的自然环境因素相差很大，在园林设计中设计师应注重就地取材，凭借对园林艺术和材料特性深刻理解，充分挖掘乡土材料应用的新手法，不失为节材和创新的重要途径。这方面日本园林作了可贵的探索，如瓦是一种东方园林的传统材料，多用于建筑屋顶和铺地。日本爱知县的名铁三河高滨站站前广场设计中，设计师运用当地特产的瓦营造出一处充满现代艺术气息的园林空间——瓦海。他把植物和瓦这一乡土材料相结合，以原有树木为中心，利用高低起伏的地形，将弧形的瓦竖立排列，构成漩涡形的波浪，形成气势磅礴的庭院中心。[22]

3.3.3 废弃土地和材料的资源化再利用 Repurpose and recycle material refuse

在自然系统中，物质和能量流动是一个由"源-消费中心-汇"构成的、头尾相接的闭合循环流，因此大自然没有废物。在现代城市生态系统中，流动过程是单向的、不闭合的。因此在人们消费和生产的同时，产生了垃圾和废物[23]。在当前的城市化背景下，"垃圾"即是放错地方的资源。园林设计师应秉承可持续发展的理念，一方面尽可能减少天然木材、石材等自然资源的使用，降低对自然的开发破坏；另一方面，对已使用的材料，要最大限度地资源化再利用，这样不但有利于营造独特景观，更能降低造园成本[22]。

园林建设中的废弃材料分两大类：一是建设场地内遗留的各种材料，如工厂改造后留下的金属构架、锅炉、砖瓦等；另一种是被其他行业认为无用的各种材料，如汽车轮胎、玻璃晶体等。场地更新遗留下来的废弃物带有鲜明的时代烙印和场地精神，设计者应充分挖掘其特性，营造富有纪念性和生命力的作品，同时达到减少成本、节材节能的目的。对于其他行业的无用之才，可以通过特定的技术和艺术手段，将其化废为宝，作为建筑材料或园林绿化的生物肥料使用，营造造价低廉、生态环保的园林景观。

杜伊斯堡风景园是废弃材料资源化利用与景观结合的经典案例。杜伊斯堡风景园原为梅德里西(Meiderich) 冶炼厂——欧洲最大的钢铁生产商的所在地。在其场地更新设计中，彼德·拉兹保留和再利用了原有工业遗留的大量的设备和材料，通过对旧有材料的运用，寻求对景观要素的新解释，最大限度地保留了工厂的历史信息，实现了保护生态和场地复兴的双重效果。工厂中的一些废弃材料被重新利用，一些砖块被碾碎用于混制红色水泥砂浆、矿渣和焦炭被用做植物生长的介质和地面材料；在铸件车间发现的大块铁板被用来铺设金属广场地面。旧铁铁轨路基被保留作为一种大地艺术品。设计保留了工厂原有的植被，就连荒草也任其自由生长。5号高炉是公园内保留下来的高炉之一，也是最著名的标志物。参观者可以爬上高炉的蓝色安全部分，俯瞰周围的公园景象。攀岩公园利用料仓高大厚实的混凝土制成攀岩墙，墙面上被矿石撞击和摩擦形成的划痕和沟槽成为了登山爱好者们的乐园[22]。

图 3.20 杜伊斯堡风景园
Figure 3.20 Duisburg Landscape Park
引自 (Source): http://www.u80news.cn/content.asp?id=89

3.3.4 新能源的应用 Using renewable energy

近年来各地大型城市广场、大型音乐喷泉和景观大道等"形象工程"屡禁不止，园林绿化建设和运营中的能源消耗比重不断增加。以景观照明为例，大量花哨的景观灯应用于广场、公园中，不是用来衬托园林中的景物，而仅是为了追求奢华新奇的景观或亮如白昼的夜景效果，浪费了巨大能源。因此，园林绿化建设中能源消耗问题越来越突出[24]。据科学研究，景观建设和维护中的能源消耗约占总景观成本的一大部分，煤炭石油等化石能源具有不可再生性，未来的绿色景观发展必须要走一条新能源发展之路。

让绿色环保、取之不尽用之不竭的风能、太阳能、生物能等可再生能源取代石油、煤炭等不可再生能源来解决园林照明、动力等问题，不仅安全清洁，更能节省能源成本，长期来说具有巨大经济效益。如太阳能灯，不必添加任何燃料，能够完全利用太阳光及风力转换成电能的零污染能源，适用于任何地区，且能根据地形、建筑、景观设计更为适合的节能照明系统，并可以自动定时控制，其一体化设计易于维护，故障率低。使用风力发电和太阳能发电及一体化的公共艺术型路灯，即使在风弱的市（平均风速3m/s）也能设置。

近期，英国推出一种新型环保踩踏地砖，一旦有行人踩踏到地砖上就能够产生能量并进行存储，而这些能量可以被广泛应用到各个领域，成为其他能源的有利补充。

这些新能源设施虽然一次性投入较大，但从长期使用来看，能够很好地节约成本，并能将对环境的污染降到最小。

3.4 管理成本上的经济性：易于养护的景观设计 Economics of management: east of management in landscape design

城市景观是一项有生命工程，除了一次性的建设投入以外，长期的维护管理也是景观成本中重要的组成部分。"三分建，七分养"，养护质量的好坏决定了景观是否能长期的保持美观，为公众服务。不

图 3.21 新型环保踩踏地砖
Figure 3.21 New type of recycled paving
引自 (Source): www.zhulong.com

考虑维护问题的城市绿化工程，无论建成时有多么美丽动人，也不是一项可持续的工程，因此，营造易于养护的景观十分的必要。

3.4.1 植物配置的合理性 Plant selection rationale

在景观设计阶段，设计者应将设计构思与场地的自然气候条件结合起来考虑，不能盲目照搬，做出违反自然规律的设计。尤其是植物设计，应将设计、施工和养护紧密结合，重点考虑长期养护的成本，营造可持续的自然景观。

比较典型的案例就是前些年大草坪应用的泛滥，许多省市不顾自身的自然条件，大肆建造大面积草坪。虽然草坪施工相对简单，但是其植物品种单一，群落抗逆性差，地表水分流失严重，生杂草，退化快，为维持草坪的观赏效果而投入的养护费用远远高于乔灌草搭配的自然式绿地的费用，并会引起水资源消耗、农药污染、土壤板结等弊端。所以许多大面积草坪在投入使用后不久，便因无法负担高额的养护费用而被荒弃。

近年来近自然植物配置法，用疏林草地取代大面积草坪，以复合种植代替纯林，以宿根花卉代替一年生草花，以自然式种植代替模纹花坛，以合理种植密度代替密植等，强调植物群落配置的科学性、合理性，使其能够自我维护，这样可以节约灌溉用水、少用或不用化肥和除草剂，大大减少后期维护的人力和物力成本，实现景观管理成本的经济性。

图 3.22 疏林草地景观
Figure 3.22 Sparse forest grassland landscape

图 3.23 宿根花境景观
Figure 3.23 Perennial flowers garden landscape
引自 (Source): http://www.zhangtianbao.com/s/r!!-1!!1280!!960!!r!!4!!r/%E7%BC%A4%E7%BA%B7%E6%A4%8

3.4.2 园林材料和设施的耐久性 Durability of landscape materials and site facilities

园林材料设施的耐久性和可修复性可以减少设施的更换，从而减少成本。

铺地材料是园林景观中除绿地以外，面积最大、使用强度最大的景观元素。从早期的木材、石材砖、陶瓷，到今天的琳琅满目的人造石、水晶砖等，可以说铺装材料从数量到质量都有了飞跃的发展[25]。但从经济成本和景观质量上来说，除了美观以外，铺装材料最重要的特性莫过于耐久性。坚固耐磨，容易替换，而又对环境无害的材料才称得上真正的优质材料。随着科技的发展，各类陶瓷类、高分子地面材料不断出现，其生产、施工、维护方便，重量轻、强度高，耐水防腐，不易变形开裂等特点成为园林景观铺地的理想材料。

图 3.24 塑胶铺装
Figure 3.24 Plastic pavement

水景是园林绿地中不可缺少的景观，不但具有优美的视觉效果，还能够有效改善微气候，带给人自然的享受。然而有些设计师过于追求水景的景观作用，不论大江南北温湿条件，不论基地水资源条件如何，一味追求规模庞大的人工瀑布、形式复杂的喷泉、面积广阔的人工湖，造成一些水景建成之后，因无力承担昂贵的维护费用而不得不停瀑布喷泉，甚至于支付不起水费而使水池成为了一片旱地。

可持续的水景应在合理评估自然和水资源状况、运行费用等经济因素的基础上，因地制宜建设水景，才能营造长期高质量的景观环境，维护场地的生态平衡。在寒冷干旱地区，或不具备自然水体的场地，水景的建造应该坚持"小而精"、"点线面结合"、"旱湿两用"。即使在自然条件适宜、水资源充沛地区，也应从生态环保、节约资源的角度出发，尽量多地采用自然生态的手法，避免过多采用一次性、永久性的施工措施，保持水景观的可持续性。

3.4.3 生态养护 Ecological conservation

以植物为主体的园林景观不同于一般的工程建设，可以说是始于设计，重在施工，而成于养护。设计和建设施工的完成只能保证景观竣工时的状态，而要使景观保持良好的观赏效果，使植物和其他环境要素长久维持最佳状态，必须通过长期的精心养护来实现。所谓"三分栽植，七分管理"也就是指高效率的管理和科学的养护对巩固和提高景观品质的重要性。从经济角度来说，养护对景观管理成本的意义同样巨大。

1. 生态病虫害防治

植物养护与植物病虫防治分不开，面对目前园林种植中过量施药，对环境造成危害等问题，各种环保型病虫害生物综合控制技术已经在园林中得到了应用，如利用物理方法、生物制剂对绿化有害生物进行无公害防治，能够有效杀灭病虫害，又减少了对环境的污染，同时还能减少园林养护的人力物力成本，达到了一般养护无法达到预期效果。

2. 有机覆盖材料

生态养护需要生态覆盖材料。有机覆盖物是国外许多发达国家城市绿地覆盖中应用相当普遍的一类生态材料。这类有机覆盖物由树皮等绿化废弃物加工而成，具有保水节水、防止水土流失、增加土壤有机质等作用，具有极好的生态效益，节约养护成本。

图 3.25 有机覆盖材料
Figure 3.25 Organic mulch material

3. 数控喷灌系统

除了有机和生物手段外，先进的数控技术也逐渐应用于生态养护之中，例如，能根据预设程序自动灌溉的园林喷/滴灌系统的经济性和生态性已经逐渐受到人们的关注。园林喷/滴灌系统的优势在于精确灌溉。据科学研究，它能减少粗放灌溉，比粗放人工灌溉节水30%～50%[11]；能避免人工灌溉造成的灌溉过量或不足；并且无须人工参与灌溉，节约了管理成本。

随着生态养护的日趋受到重视，已有更多生态养护技术应用于景观维护中，为城市景观的美化和经济、环境的可持续发展做出贡献。

图 3.26 园林喷灌系统
Figure 3.26 Sprinkler irrigation system
引自 (Source): www.chla.com.cn

第4章 景观设计的环境维度
Chapter 4 Environmental aspects of landscape design

4.1 环境友好型景观设计 Environmentally-friendly landscape design

4.1.1 绿色景观 Green infrastructure

景观规划设计作为改善人们生存环境的重要手段，其构成元素多为自然的山、水、树、石，具有绿色特征[20]。

传统园林是达官贵人、文人士大夫炫耀财富、畅情抒怀的私人空间，虽然也讲究天人合一或仿效自然，但从根本上说，唯美至上的追求使传统园林景观与生态环保无关。

现代社会人类面临各种各样的环境危机，全球气候变化，厄尔尼诺现象频繁发生；地球表面的72%被水覆盖，但是淡水资源仅占所有水资源的0.75%；人类活动造成生物栖息地的破坏，据研究，目前地球上每年有10～100个物种灭绝。中国作为发展中国家，正经历有史以来最快速的城镇化进程，生态环境面临严重破坏。大气污染、水资源短缺、耕地土壤流失、酸雨的侵袭……大地上的绿色正在逐渐褪去，人们的生存正面临着危机。景观在美化环境的同时，已成为改善人类生存环境、提升生态质量的重要途径。从这个意义上说，倡导可持续发展的绿色景观不仅是一种景观设计理念，更是一种时代的必然选择。

所谓绿色景观，就是可持续的、有生命的景观，是生态化、可再生的节约型景观。应该是有助于人类的发展和健康，又能够与周围自然景观相协调的景观[20]。绿色景观的建设不会破坏其他生态系统或耗竭资源，应能够与场地的结构和功能相依存，有价值的资源如水、营养物、土壤以及能量等将得以保存，物种的多样性将得以保护和发展。

面对重重环境危机，人类需要重新认识人与自然的关系，绿色景观反映了人类的一种新的美学观和环境价值观，应使其尽快从理念转化为行动，成为统领全局的景观规划设计主题，设计、施工、维护等各环节必须遵循的根本原则。

4.1.2 科技景观 Science and technology landscape

"所有表现形式的创造都是一种技术[26]"。在中国传统园林中，精湛的叠山理水技艺、园艺栽培技术，包含着古代工匠的聪明才智和千百年来传承的经验积累。自工业革命以来，科学技术进步带来了全世界史无前例的大发展，现代景观已经逐渐变成艺术与技术日趋融合高度统一的产物。

在庭院广场、城市公园、自然保护区等景观规划设计中，日新月异的现代技术通过艺术化的手段和方式支持着现代景观的表达，使得现代景观作品面貌一新。

新材料（如金属、玻璃、塑料、橡胶、纤维织物、涂料等）、张力结构、可展开结构、光电景观技术等给设计者提供了更多的选择，赋予景观以崭新的面貌。一个比较早的例子是铝材在埃克博（Garrett Eckbo）设计的Alcoa花园中的运用。美国景观建筑师彼特·沃克（Byt·Werk）可算是当代运用材质和新技术的大师，他在其较早的橘县（Orange County）中心景观设计中就大胆地使用大量不锈钢材料建造景观，并以此得到了世界的肯定。

作为20世纪后期现代景观艺术的标志性人物，拥有景观建筑师、艺术家双重身份的玛莎·施瓦茨（Martha Schwartz）认为，景观作为文化的人工制品，应该用现代的材料建造，而且反映现代社会的需要和价值。她的一个设计作品是将灌溉喷洒系统变成一个个动态雕塑，它们像果树林一样整齐地排列着，高高的"树"干颠倒装着喷嘴，与附近的棕榈树遥相呼应，构成了与众不同的水景环境[27]。

雨水收集和中水利用、曲面光架、光导等管、新能源等新技术新结构的应用，给人们防止环境污染、减少危险性和废弃物和恢复周边地区的生物多样性，提供了有效的技术手段。数码控制喷灌系统、数字

图 4.1 橘郡中心景观设计
Figure 4.1 Orange County plaza landscape design
引自 (Source): http://www.china-up.com:8080/gzcy/showcase.asp?id=75

化高效率的综合检票系统等为人们提供了生态、高效的景观服务，满足了人们对日益多样的使用需求。

　　除了材料和设备革新以外，计算机辅助设计与管理的出现导致了一场深刻的设计革命。电脑技术具有强大的表现能力、模拟现实能力，使设计过程变得简单、高效而又无所不能。在电脑所建构的信息空间中，设计师与设计对象、设计之物与非物质设计、功能性与物质性、表现与再现、真实空间与信息空间的诸多关系发生了变化，产生了一种全新的关系和设计观念，从某种角度来说也改变了景观的面貌[28]。

　　可以预见，随着21世纪高科技的日益发展，科技与景观走向了新的整合，不但成为景观不可缺少的工具和手段，更将改变了人们的审美意识，开创了艺术设计的新境界，为人类创造更美好的未来。

4.1.3 人文景观 Cultural and humanities landscape

　　在许多人看来，景观设计中自然环境的成分增加必定会忽略对人文的考虑，而侧重生态效益又必然会削弱景观的艺术性。其实，环境和人文并不矛盾。人文景观中包含着丰富的自然要素，而生态伦理和技术的发展也能带来以人为本的景观体验。景观的环境维度改变的仅仅是单纯以美学原则作为景观设计的评判标准。从本质上说，其展现景观原生态的独特形态、尊重生态环境、关注人类文化体验的理念与人们多元审美价值是一致的。

　　一些设计师用他们的实践证明了这种环境与人文完美结合。著名设计师哈格里夫斯（George Hargreaves）擅长将文化与自然、大地与人类联系在一起。他通常以生态过程分析为设计基础，再利用大地艺术手段完成生态与艺术的结合，例如，分析河流对河岸的侵蚀，概括出树枝状的沟壑系统，以此为原则创造了雕塑化的地形并运用到水滨环境中，表达水的流动性，既产生了富有戏剧性的艺术效果，同时从理论和实践上来看，也是减少水流侵蚀的一种措施。

图 4.2 哈格里夫斯作品——美国佛罗里达州迈阿密海滩南皇居公园
Figure 4.2 Works by Hargreaves Associates-South Beach Pointe Park in Miami, Florida
引自 (Source): http://www.telaijz.com/news_text.asp?id=2794

　　伴随着工业化的进程和后工业时代的到来，工业废弃地的更新、河流的生态治理等成为了景观设计的新兴领域。这类项目需要的不仅是人文印记的保留、视觉符号的表达，更需要通过生态手段对场地的水、土、植物等自然要素进行再生恢复，满足新的功能，体现新的景观。

　　正如美国Field Operations公司设计的弗莱士河公园，设计师在900公顷的区域内，恢复了当地生态系统的健康性，保护生物多样性，创造出富有生命力的人文景观，从而赋予未来使用者热情和想象力[20]。

图 4.3 弗莱士河公园
Figure 4.3 Fresh Skills Park
引自 (Source): http://www.cdylw.com/new_web/tree/news_view.aspx?id=19750

在中国，在粤中造船厂旧址上建设的中山岐江公园通过生态设计恢复更新了场地人文景观。中山岐江公园占地11公顷，从1953年到1999年，走过了由发展壮大到消亡的简短却可歌可泣的历程。设计者以产业旧址历史地段的再利用为主旨，基于对景观生态价值和产业旧址场地精神的理解，采用了多种利用方式，如将经过再生设计后的钢被用做铺地材料，乡土野草成为美丽的景观元素等，阐释了一个完整的生态设计概念，赋予场地新的灵魂。

图 4.4 中山岐江公园
Figure 4.4 Zhongshan Qi River Park
引自 (Source): http://www.uac.org.cn/html/20120104/14302120559.html

4.2 景观建设新技术的利用 Best practice and use of latest technological innovations

4.2.1 有关绿化的技术：新品种的引用、栽植技术的改进 Green technology: use of new species and varieties, improving planting techniques

1. 新优植物的品种选育

植物是非常重要的景观构成要素。随着人们景观欣赏水平的提高和对生态环境的日益关注，人们对园林植物的要求不断提高，不但要求外观美丽、种类丰富，还要能适合各种生境条件，因此，大量景观建设的新技术首先体现在新优植物的引种选育上。

地被植物是园林绿化的底色，因其覆盖地面能力强，易于管理，种植后不需经常更换，在建设可持续发展的生物多样性城市和生态型城市进程中发挥着重要作用。近年来，一些具有良好观赏价值和生态适应性的观花、观叶类新型地被植物不断得到开发与应用，如大吴风草、斑点大吴风草、花叶欧亚活血丹、亚菊、金叶过路黄、紫叶珊瑚钟、匍枝亮绿忍冬等新品种不断应用到上海的园林绿地中[29]，不仅与目前上海营建"春景秋色"的城市植物景观定位和实现城市"增绿添彩"的绿化工程目标相一致，而且改变了以往传统地被植物颜色、品种均较为单一的状况，丰富了季相，提高了绿化景观的品位。

图 4.5 新优地被植物
Figure 4.5 New generation of groundcover plants
引自 (Source): http://www.lvhua.com/

2. 先进栽培技术

　　现代景观中各种临时景观、立体绿化对植物栽培的场地限制以及移动性提出了更高的要求。由于容器栽培的工程苗可以终年随时栽植，特别是高温、干旱季节移植不会影响成活率及园林植物景观效果，具有生产周期短、质量好、起运方便、移植成活率高、便于管理等诸多优点。目前园林和林业生产上正在积极推广应用容器栽培技术，这对苗木生产和绿化工程施工将会产生重大的影响。

　　垂直绿化是上海近年来园林绿化发展的新热点，植物种类的引进和筛选，墙面绿化和墙面贴植技术的研究以及高架路立柱绿化的适用植物筛选等技术层出不穷，有力地促进了绿化形式和生态效益的进一步发展。

图 4.6　容器栽植
Figure 4.6　Container transplanting
引自：(Source): http://www.nbnjtg.gov.cn/NewsView.aspx?CategoryId=55&ContentId=775

图 4.7　垂直绿化
Figure 4.7　Vertical greening
引自 (Source): http://www.zhangtianbao.com/s/r!!-1!!1024!!768!!r!!r!!r/%E8%
87%AA%E7%84%B6%E9%A3%8E%E6%99%AF/59

59

3. 生态群落栽植和生态修复技术

目前的绿化技术除了使栽培植物的品种和形式丰富而外，更加强调从生态的角度出发，采用群落栽培的概念，将多种植物作为一个整体来考虑，发挥植物群体的集合效益、更高的生态效益和更好的经济效益。大量生态群落和"近自然"植物群落设计以及植被混凝土绿化技术等边坡荒地修复技术的应用，不但使绿地持续保持较强的自我更新和维护能力，修复了生态过程，而且可以创造四季有景的绿化效果。如上海将自然保育技术应用于新江湾城生态建设中，对自然生境和植被进行原地保护；同时对部分入侵植物占优势的群落进行符合潜在植物特征的干预，即生态恢复，将新江湾城从"废弃地"成功转化为城市新型生态绿地。

图 4.8 荒山边坡绿化技术
Figure 4.8 Waste hill hillside greening technology
引自 (Source): http://www.gztyf.com/blog/?sort=10&page=2

图 4.9 新江湾城生态恢复
Figure 4.9 New River Bend City ecological restoration
引自 (Source): http://www.shanghaiwater.gov.cn/ztbd/mode_1.jsp?act=browse&fileid=10001086&cateid= 900000746

4.2.2 有关水的技术：水资源的景观化利用 Water technology: landscape use of water resources

水是生命之源，生态系统中的宝贵资源，城市的命脉。世界水资源面临危机，水越来越宝贵。近年来，能够实现景观美化和环境保护的水资源的景观化利用技术在世界各国受到重视。

水资源的景观利用可以巧妙利用雨水、洪水、废污水等，缓解景观水源短缺、改善水环境，缓解城市发展对自然水循环的负面影响，主要形式有：雨水花园、屋面集水、滞留池、生态调节池、植草沟、人工湿地等。

美国多雨城市波特兰在雨水花园方面进行了成功的实践。波特兰市在学校、街道、停车场、商业景观等绿地中通过模仿溪流形态、改造停车场等方式，将雨水资源通过景观化方式加以利用，不仅巧妙地解决了雨水排放和过滤的问题，同时还创造了优美的景观环境空间，其设计和工程技术既是现代的，又是生态的；既是人工的，又是自然的，在人工和生态之间成功地实现了和谐统一[30]。

图 4.10 波特兰雨水花园
Figure 4.10 Rain garden in Portland, Oregon
引自：尹建强，曾忠忠. 雨水之歌——解析波特兰雨水花园. 华中建筑，2007（4）.
Source: Yin Jianqiang. Zeng Zhongzhong. The Song of Rain–An Analysis of the Rainwater Garden of Portland. Huazhong Architecture. 2007（4）.

人工湿地作为一种生态处理方式，因其显著的景观优势和生态作用逐渐成为城市污水处理重要的发展方向。人工湿地分为表面流湿地和垂直流两类，它们将湿地污水处理过程与水景营造相结合，对于缓解市区的单调景观，改善水体水质，并成为居民提供休憩、娱乐、教育的场所发挥了巨大作用，如成都的活水公园，作为一座展示先进的"人工湿地系统处理污水"的城市生态环保公园，它模拟和再现了自然环境中污水是由浑变清的全过程，在揭示自然净水秘密的过程中运用艺术手段演示景观生态净化功能和生态环境价值，沟通人和自然环境的联系。

图 4.11 成都活水公园
Figure 4.11 Chengdu Live Water Park
引自：曾忠忠. 城市湿地的设计与分析——以波特兰雨水花园与成都活水公园为例. 城市环境设计，2008（1）.
Source: Zeng Zhongzhong, City Wetland Design and Analysis–Rain Garden in Portland and Flowing Water Park in Chengdu as an Example. City Environment Design. 2008（1）.

图 4.12 公园中的小型湿地景观
Figure 4.12 Small wetlands in a park
引自 (Source): www.landscape.cn

与地表径流相关的技术革新也是生态水资源技术中不可缺少的一部分。城市不只是水患的受害者，它本身也是加剧水患的元凶。城市景观中大面积不透水铺装会导致地表径流下渗减少、水体污染和热岛效应。除了建设人工湿地、植草沟、滞留池外，采用新兴的透气透水生态铺装，如多孔透水性沥青混凝土、多孔性柏油等材料，有利于让雨水回灌地下，能够降低径流量、净化水质、涵养地下水源，对城市环境改善具有重要意义。

4.2.3 有关建筑的技术：新材料与LED绿色光源 Architectural technology: use of new building materials and LED lighting

建筑是人类工程技术体现的综合体。凝聚了人类聪明才智，是体现技术创新的最佳载体。在景观中建筑虽然不是主体，但具有画龙点睛的作用。随着科技发展，景观建筑和小品中的新技术日新月异，在材料、照明、新能源等方面均有令人惊叹的创新。

1. 新材料

膜结构最初应用于建筑领域，20世纪60年代随着柔性建筑材料的发展，建筑师们从一项顶帐篷中得到灵感，极富创造力地构造出这一千变万化结构形式——膜结构。膜结构采用多种高强薄膜材料及辅助结构组成[31]，造型材质轻巧，线条优美。其开敞的结构将自然光引入建筑，省了照明用能源。易于拆装移动便捷的特点，广泛应用于绿地临时建筑中，使其循环利用成为了可能，节省了建筑材料。膜结构以其优越的特性广泛应用广场、绿地、公园入口等，成为了绿地中不可缺少的标志性的景观。

图 4.13 膜结构景观小品
Figure 4.13 Membrane structure landscape element
引自 (Source): http://www.yt160.com/a/anli/123380.html

2. LED照明

LED是英文light emitting diode（发光二极管)的缩写，是近年来照明领域的一种新兴技术，在景观照明方面具有自己独特的优势。

LED光源的最大好处就是省电，一般为传统照明灯耗电率的20%，被称为未来的绿色光源[32]。LED照明效果使用电脑程序控制，不但颜色非常接近大自然中的七色光，而且能呈现有规律的变化，使夜景照明动静结合，实现了夜景照明的动态化. LED夜景照明设备体积小，隐蔽性好，可以巧妙地与景观构件合为一体，是实现见光不见灯、藏灯照景要求的理想的照明光源和技术，现已越来越多地作为草坪灯、庭院灯、水底灯、埋地灯、投射灯、光柱灯应用于绿地景观中。

图 4.14 采用 LED 照明技术的世博轴夜景
Figure 4.14 Using LED lighting technology at night at Shanghai Expo 2010
引自 (Source): http://www.shkpzx.com/9320/12823/14043/13955.html

3. 太阳能

自古以来，太阳能与建筑就有着极其密切的关系。早期的太阳能是利用太阳能的热能与光能的自然传递使居室温暖明亮的，通常称为"被动式太阳能建筑"，而后，随着科学技术的发展和人们对居室环境要求的提高，逐渐从"被动式太阳能建筑"发展成"主动式太阳能建筑"。近年来一些发达国家正在进一步发展所谓"零能建筑"，即利用太阳能提供建筑物所需的全部能源。据估计，在未来20～30年内，太阳能将供应世界能源需求量的20%[33]。

图 4.15 景观中的风能发电
Figure 4.15 Wind energy landscape
引自 (Source): http://www.nipic.com/show/1/38/e9d9312551010547.html

图 4.16 上海世博会沪上生态家
Figure 4.16 Shanghai Expo 2010 Shanghai Ecological House
引自 (Souce): www.expo2010.cn

第5章 其他维度：景观的第五立面设计
Chapter 5 Other design dimensions: The fifth aspect of landscape design

5.1 景观的第五立面设计的发展 Developing the fifth aspect of landscape design

5.1.1 前提 Premise

现在越来越多的空中概念设计出现在人们的视线中，我们所讲的空中概念一般指的是建筑的屋顶或顶层空间。在建筑学领域，除了建筑前后左右四个立面外屋顶被称为建筑的"第五立面"。随着高层建筑越来越多，"第五立面"也愈发显得重要，更加频繁地进入人们的视野。尤其是在北方地区人们看到最多的却是灰蒙蒙光秃秃的屋顶，其上还不乏脏乱的垃圾和七零八落的杂物，毫无美感可言。

5.1.2 组成 Composition

第五立面景观，简单地说就是地面景观和顶面景观。过去我们通常注重在地面上欣赏景观，可伴随大量高层建筑物与构筑物的拔地而起，我们越来越有机会欣赏到顶面以及地面整体景观，城市景观中的高台广场、屋顶花园、空中客厅、二层步道、景观天桥都已经成为第五立面景观元素，因此，第五立面景观一天天显得重要起来。今天，第五立面景观已经成为城市景观一个重要组成部分，在城市景观体系中占有举足轻重的地位。

图 5.1 高台广场
Figure 5.1 Gaotai Plaza
引自：雨水适应性景观. 景观设计学. 2011（6）.
Source: The Adaptive Landscape. Landscape Architecture. 2011（6）.

图 5.2 屋顶花园和景观天桥
Figure 5.2 Rooftop garden and sky bridges
Source: http://www.turenscape.com/project/project.php?id=448

5.2 景观第五立面的设计意义 Significance of the fifth aspect of landscape design

5.2.1 拓展城市绿色景观空间 Expansion of urban green space

在各类建筑物、构筑物等的屋顶、露台、阳台进行造园绿化、种植树木花卉，这是城市绿化向立体空间拓展的绿化美化方式。

5.2.2 重塑居住环境的绿色空间 Green space that reshapes the living environment

将环境中的建筑与设施进行多层次、大面积的绿化，呈现出绿叶繁茂、花色绚丽、硕果累累、芳香沁人的景色。这种多层次的空间绿化改变了高空俯视居住环境景观时建筑与设施的呆板单调。

5.2.3 绿色景观设计的创新与拓展 Innovation and development in green infrastructure

屋顶作为建筑物的"第五立面"，至今还是一片待开发的处女地。发展了前后左右整体的竖向的景观立面，而增加各类建筑物、构筑物等的顶面，这是景观空间上的开拓，也正是如此，第五立面的设计还需设计师们进行研究与实践。

5.3 景观第五立面的设计原则 Design principles of the fifth aspect of landscape design

5.3.1 整体性设计 Integrated design

任何景观环境结构，都是以景观空间的连续性为前提的。在第五立面景观设计之初，就要求注重第五立面与城市周边景观之间的关系。从城市设计的整体意向出发，结合城市片区的视觉通廊、景观轴线等空间结构，将高低错落的屋顶露台、下沉空间、步道天桥等一系列第五立面元素融入城市，实现视觉景观的整体性优化和空间的穿插流动性。

除了在对象范畴方面，第五立面的整体性设计还应体现在设计过程中。依据景观规划设计操作方法的三元论，规划师、建筑师、景观设计师应同时介入，实现规划、建筑、景观三元素的一体化设计。

图 5.3 立体绿化景观与城市的协调
Figure 5.3 Coordination between three dimensional landscape design and city
引自：适应气候变化的景观设计. 景观设计学. 2010（3）.
Source: Adaptation to Climate Change in Landscape Design. Landscape Architecture. 2010（3）.

5.3.2 前瞻性设计 Forward-looking design

第五立面不仅是一种建筑景观形式，更体现了景观为提高城市生活质量的不懈探索，因此，应以前瞻性视角发现未来城市发展的方向，将城市人居的各种先进理念融入景观设计，引领未来健康生活方式，倡导城市可持续发展。例如立体绿化中常用的垂直绿化，有时攀援植物会破坏建筑墙体，但却是第五立面景观中不缺少的技术手段。巴黎凯布朗利博物馆创新采用PVC板、油毡和金属架系统，设计建造了"会呼吸的生态墙"。生态墙不需要任何物体支撑就能挂在墙上，甚至是悬挂在空中，突破了垂直绿化需要支撑的限制。不论任何气候环境，不论室内室外，生态墙改善空气质量，降低能源消耗，为人们提供天然绿色的守护。

图 5.4 巴黎凯布朗利博物馆
Figure 5.4 Longley Museum in Paris, France
引自 (Source): http://www.landscape.cn/News/global/2010/99847.html

随着城市人口的激增，越来越多的设计师提出垂直农场的方案，不仅可以在城市里找到农业种植的空间，而且还可以作为城市一景为美化城市作贡献。美国率先将立体绿化与家庭园艺结合起来，设计建设屋顶农庄，在屋顶上发展温室大棚无土栽培生产蔬菜，在增加绿量的同时获得丰盈的经济效益。法国巴黎"垂直农场"、荷兰鹿特丹的"城市仙人掌"等更多颇具创意的设计方案也正在设计师的构想中。

图 5.5 法国巴黎"垂直农场"
Figure 5.5 "Vertical Farm" in Paris, France
引自 (Source): http://archpaper.com/news/articles.asp?id=5818

图 5.6 荷兰鹿特丹的"城市仙人掌"
Figure 5.6 "Urban Cactus" in Rotterdam, the Netherlands
引自 (Source): http://archpaper.com/news/articles.asp?id=5818

5.3.3 生态低碳设计 Ecological and low-carbon emissions design

科技提升景观价值。第五立面的绿化媒介不同于传统绿化，如何将绿化带到屋顶墙面，并发挥最大景观和生态效益，需要运用大量新兴生态低碳技术。巴西风行"生物墙"技术；英国发展校园绿化，采用墙面贴植技术使墙面犹如覆盖了一层绿色壁毯。作为目前世界上最大的生态绿化墙，上海世博会主题馆

5000余平方米的生态墙，浓缩了上海世博会"绿色建筑"技术，使用植物的枯枝落叶等有机废弃物作为土壤和肥料，并将废纸加工成栽培植物的环保型花盆。

图 5.7 上海世博会瑞士馆屋顶草坪
Figure 5.7 Shanghai Expo 2010 Main Pavilion Ecological Wall
引自 (Source): www.expo2010.cn

　　生态技术除了应用在植物种植层面，其他诸如利用第五立面的风、光、热等新能源发电照明等新技术也对节能减排、降低维护成本非常重要。
　　加拿大设计师设计了一种能在城市里实现植物作物和能源自给自足的立体建筑——"空中农场"。一栋55层的建筑表面覆盖一层葱茏的植被，不但整体建筑景观清新宜人，绿化效益大大增加，而且农场能通过燃烧自身的农场废物进行发电，产生的能量可以满足整栋建筑50%的能源需求。

图 5.8 加拿大 "空中农场"
Figure 5.8 "Aerial farm" in Canada
引自 (Source): http://www.landscape.cn/News/global/2010/82294.html

5.3.4 人性化设计 Humane oriented design

城市第五立面景观能为居民提供舒适宜人的集都市生活、办公与休闲、购物及娱乐的综合性空间环境。设计时特别应采用人性化的景观设计手法，将人的游憩需求和体验代入立体化景观空间，为大城市创造更多充满活力的开放空间。

怀亚特联邦政府大楼注重立体绿化的景观功能与游憩使用，在150英尺长的大楼西墙上建造花园，7个名为"植物鳍区"的垂直花园从原有建筑内伸展出来，能为大楼遮阴纳凉、为楼下人群提供赏心悦目的景色，即便在冬天阳光也能透过光秃秃的枝干照入大楼里，给室内的人们带来温暖体验。

韩国首尔Gwanggyo绿色城是一个可实现自给自足的绿色社区，设计不但注重未来派建筑和绿色环境，更强调室内公共会议或聚会场所功能。在未来派建筑中，既有办公室，也有住宅和购物中心，其他城市生活所必需的设施也应有尽有。

图 5.9 韩国首尔 Gwanggyo 绿色城
Figure 5.9 Gwanggyo Green City in Seoul, Korea
引自 (Source): http://www.landscape.cn/News/global/2010/19150664.html

第6章 设计的全过程及其组织：如何体现多维度景观设计
Chapter 6 The entire design process: how to express multiple aspects of landscape design

6.1 方案设计阶段：景观设计的目标是什么 Schematic design stage: what is the design objective

6.1.1 立意构思的高瞻远瞩 Envisioning the design concept

景观设计全过程中最具挑战性和创造性的就是方案设计阶段，而设计的立意与构思是方案设计的灵魂。写文章讲究"意在笔先"，有了高远的立意才可能产生优秀的作品。景观方案设计缺少了好的立意构思，后续设计就会缺少主线，没有了规矩和章法。

好的立意构思从哪里来？讲求功能是一切景观立意原则的基础。正如现代主义的代表人物沙利文所说的"形式永远追随功能"，它确定了景观设计最基本的永恒之道是满足基本功能需求。环境也是启发创造的重要依据。项目所处的自然环境、人文环境是景观设计的灵感之源。通过对场地环境的深层次理解和抽象，将景观与环境相互融合，不失为一种创造和谐生动景观的理想方法。好的立意还要和社会发展与生态环境紧密结合。只有建立在促进社会经济自然的可持续发展，满足使用者的基本需要基础上的景观方案才是真正有生命的方案。

6.1.2 场地规划的整体协同 Collaborative site planning

由于当下城市规划、建筑设计和景观设计分段式的工作模式，常常导致各层面工作的脱节，造成场地功能流线组织混乱、环境设计与建筑缺乏联系等现象，反映出一种场地总体组织的缺失。作为人地关系的协调者和多学科交叉的领导者，景观设计师应在方案设计中更多考虑场地规划的整体协同，将建筑与周边环境、人流车流以及各部分的组成单元特色元素合理安排，以弥合不同层面不同学科工作的裂痕，促进环境的整体性发展。

6.1.3 景观表达的新颖独特 Expression of novel and unique landscapes

高远的立意和整体的设计思路是方案设计的第一步，要将方案落实到图纸上，还必须依靠新颖独特的景观表达。中国传统艺术的无限精华、现代艺术的高技手法、自然界中的朴素机理都是景观表达的灵感源泉，但是更重要的是设计师不能人云亦云，失去对场地的理解和观察。盲目追逐所谓的国际潮流，必然导致景观的千人一面，单调雷同。

劳伦斯·哈尔普林（Lewrance·Halprin）将在城市广场中再现自然，将自然地形就势塑造成广场的不规则台地，将山间溪流演化出潺潺水景，悬崖台地则与广场的人瀑布联系起来。香山81号院的景观改造设计，设计师以中国传统诗词"与谁同坐"为灵感，运用传统与现代结合的表意手法将一个大杂院改造成了设计师沙龙。"与谁同坐，清风明月我"——以翠竹表达风，以薄纱半透明玻璃盘代表月，以房山石为君，独特而又传统景观表达传递出淡然优雅的环境气韵。

6.2 扩初阶段：如何保证设计的品质感 The early stage: how to guarantee the sense of quality

扩初设计指在方案设计基础上的进一步细化设计，是介于方案和施工图之间的不可缺少的承上启下环节。对于大中型项目或者技术较为复杂的项目，通常在这个阶段协调各专业之间的初步设计方案，并

图 6.1 劳伦斯·哈尔普林爱悦广场
Figure 6.1 Courthouse Square in Portland, Oregon by Lawrence Halprin
引自 (Source): www.zhulong.com

图 6.2 香山 81 号院的景观改造
Figure 6.2 Fragrant Hill No. 81 Courtyard landscape renovation
引自 (Source): http://www.abbs.com.cn/media/la/read.php?cate=22&recid=28914

且进一步深化调整初步设计。不少建设单位往往高度重视形成总体效果的方案设计和指导施工的施工图设计，忽视初步设计的重要性。实际上，扩初设计对方案的深化和补充能从"事前控制"的角度有效保障项目建成后的景观效果和使用功能，并对控制成本造价、完善施工图设计具有重要意义。没有好的扩初设计就不能保证设计的品质感。

6.2.1 真实体现方案意图 Realistically express schematic design intent

扩初设计顾名思义就是扩充初步设计，因此，做好扩初设计的第一步就需要充分领会方案设计的意图，在设计中真实体现设计思路及设计亮点所在。如社区公园方案定位于表现家园氛围，那么扩初设计就要在主入口、中心广场、景观节点等重要部分选择红砖、原木、卵石等材质，在建筑小品等的色彩选择、立面设计上强化温馨亲切的特质。如设计师力图打造充满现代气息的高档商务景观，扩初设计则应采用不锈钢、大理石等简洁大方的材质，规则的植物种植形式来体现设计的意图。

6.2.2 定量推敲景观细节 Quantitatively improve landscape details

扩初设计的重点在于将概念性意向性的设计构想转化成更具操作性的工程技术图纸。设计深度的增加要求扩初设计详细推敲景观的空间关系、细节尺度定位，确定主要建筑小品的尺寸和标高，标明材质和立面，并考虑景观与水电、结构、消防等相关专业的衔接。

定量控制和上下衔接是扩初设计的关键，如亭廊花架、假山小品的体量大小，设计师一般仅凭经验、凭理论确定。那么，设计师确定的尺寸究竟能不能与周围环境相协调，能不能施工？这些问题是扩初设计阶段需要把控的。

一些方案热衷在公园中设计华丽气派的大广场，一方面，扩初设计需要将广场尺寸与人的行为尺度联系起来，将广场大小控制在满足游人交往停留和塑造公园形象相适应的范围。扩初设计图上要画出广场的总体尺寸和定位尺寸。在地形特别复杂的地段，应该绘制详细的剖面图。另一方面，应确保广场设计细节保持风格一致。对小品、硬质铺装等应给出平立剖面，标出主要尺寸材质、大致结构做法。

部分景观设计更多考虑景观的视觉效果、人文因素，对相关专业配合考虑不足。扩初设计师应熟悉各类专业设计规范，确保消防车道及登高面部分的景观设计满足消防验收要求，及早跟进建筑专业对物业管理用房、集中商业、冷却塔等位置的确定，衔接水电、结构等专业设计，及早作出相应的景观设计调整。

6.2.3 合理控制成本造价 Reasonable control of construction costs

成本控制是影响项目品质的一道重要关卡，许多建设单位都把控制造价的主要精力放在施工阶段，想方设法卡死施工过程中的现场变更和增加工作量，而忽视了工程项目前期的工作，结果往往是事倍功半[34]。其实，扩初设计是确定景观设计重大技术问题、方案和标准的重要阶段，在该环节进行成本控制可以最大限度地减少事后变动带来的成本增加，具有"一锤定音"的地位和作用。

扩初设计阶段的地形设计很重要，如能结合工程自身条件，土方就地平衡，不仅可以充分表达方案的设计效果，更能节约大量成本。如某公园方案设计阶段，地形设计简洁大气，受评审专家的好评，但经过计算，需外进大量土方，造价过高。后在扩初设计过程中，在保持原设计风格的前提下，采用整体降低湖底标高、局部调整湖中各岛屿山头标高的办法，最终基本做到园内挖填土方平衡[35]，既达到了预期的景观效果，又节约了大量资金，起到事半功倍的效果。

扩初设计控制造价还包括对材料的控制，但是材料控制并不意味着单纯使用廉价材料，这需要扩初设计师深入了解工程所在地的原材料特点、市场价格。在满足技术要求的条件下，优先选择地方材料和适用技术，实现景观特色和经济成本的双赢，如同样规格（30～40cm高）的灌木中，小龙柏最贵，其他常用灌木依次为桃叶珊瑚、八角金盘、瓜子黄杨、金丝桃、金叶女贞等，价格相差1～10倍。设计师可以考虑在当地气候条件下，根据当地苗圃供应情况，优先考虑价格低又能基本满足设计需要的苗木。

6.3 施工图阶段与后服：如何保证设计的还原性 Construction documents stage and post-construction services: how to maintain the design's original intent

6.3.1 易读的图纸 Easy to read drawings

景观设计施工图是扩初设计的细化，直接面对施工人员，同时也是打造景观工程预结算、施工组织管理、施工监理及验收的依据，因此，施工图设计要求准确、严谨，图纸表达规范、清晰、易懂。园林界有一句俗话："好的园林施工图，应该让最差的施工队也能看懂。"作为指导施工的图纸，应该做到无论谁拿到图纸都能够做出一模一样的产品。

如种植施工图要在扩初设计的基础上将设计延伸到每一株植物单体。图纸要能通过图形图线和文字准确表达种植点的定位、种植密度和品种。方案植物设计通常采用复式种植或模拟自然群落的形式，这就要求种植施工图分为上、中、下木图，代表植物符号的图形简单直观，易于分辨。图纸上每一株植物的位置、品种、规格以及与其他植物形体色彩、高低疏密的搭配一目了然，才能保证设计意图的落实和施工的顺利进行。

6.3.2 详尽的设计 Detailed design

详细到位是园林施工图的美德。建筑工程中，有些构件只需引用标准图集即可，但在景观设计中，各种小品形式更自由，形式变化多端。施工图设计师只有细画到每个螺丝的安装大样，才能真正起到指导施工的作用。施工图设计师应对图纸设计深化、细化、具体化，对每一个细节都不能放过。

在绘制园路施工图时，不仅要标明面层的材质、颜色和尺寸，还应给出园路的具体做法，并标明所用黏合剂的种类和规格。在绘制园林建筑时，该配置直径多大的钢筋，钢筋的间距应该多少，图纸应该细致到标明每一个螺丝的位置和大小。在绘制种植施工图时，要注明园林植物的名称(详细到品种)、数量、规格、外观、移栽方式。为了防止各地对植物名称上的差异，还应标注拉丁名以供辨别[36][37]。

一个典型的园林设计项目需要运用到建筑学、建筑结构、土木、给水排水、强电弱电、灯光照明、植物学等专业知识。配套专业图纸由专业工程师绘制，好的景观施工图设计应在多专业协作中发挥组织者与协调者的作用，通过细致的充分的沟通，将各专业图纸相互衔接整合好。

6.3.3 关键的现场服务 Important on-site field services

景观施工有别于建筑施工，建筑施工只要严格按照图纸施工便可，景观施工过程是再次创作过程，存在如何充分体现设计思想和设计理念的问题。为了防止施工与设计脱节，设计师的现场服务非常关键。

设计师在施工中的首要任务就是图纸交底，将设计思想在施工前传达给施工队伍，详细讲解设计目标与设计理念。施工单位要深刻领会工程整体的设计思想，以便在施工中灵活运用。设计师也可以从与施工单位及监理单位的沟通中，发现设计存在的不足与问题，然后对方案加以改进与完善，提高自身的设计水平，保证工程的品质。

在实际操作中，由于施工人员理解错误或审美偏差，施工结果经常与设计意图有出入。设计师必须深入工地，了解工程施工的实际情况，及时纠正现场施工的一些错误做法。在指导施工时设计师最主要的任务是现场把好艺术关，将园林的意境营造出来[37]。

在植物种植中，植株是直还是斜，倾斜的角度，如何让其搭配和谐而又考虑树姿生动有趣，这些从施工图纸上是不能反映出来的，需要设计师与施工方去选择合适的苗木，并且在现场与施工单位互动。又如地形堆叠，由于缺乏精密的仪器和施工经验，或出于节约成本，施工单位经常对地形形态也不够重视，把地形做出丑陋的"馒头状"，这时设计师在现场就要指导他们把地形整成"龟背状"或楔状，显出优美的流线型视觉效果。

一般来讲，景观工程的流程中包括绿化材料准备、土方造型、硬质景观施工、绿化种植、灯具选型、安装等几个部分，特别需要把控设计效果。图6.3为施工简明流程图。

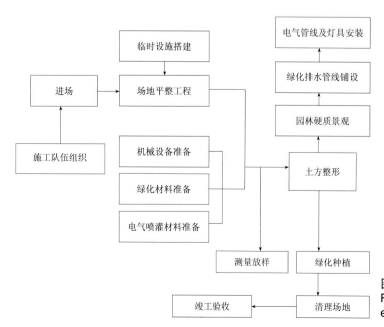

图6.3 景观工程简明流程图
Figure 6.3 Concise flow chart of landscape engineering

6.3.4 典型的景观设计服务——上海唯美景观的"全过程服务"

上海唯美景观根据自己多年从事景观设计经验，提出了设计"全过程服务"理念，这一理念认为设计师应该全程把控设计项目，而不应仅仅关注景观的设计本身，因为建筑、景观、规划这些设计都不是孤立存在的，其必然与周围环境息息相关。不仅如此，纸上的设计项目落地，也是一个复杂的过程。设计师如何保证自己的作品还原度高，这也是客户所应关心和考虑的问题。唯美景观在设计各个阶段的服务方面有其心得，倡导从概念到设计直至施工的全过程服务。他们将设计过程划分得较为细致，一般有以下五个阶段：

（1）总体概念方案规划设计阶段

考察现有场地环境及条件，包括场地条件、边界、小气候以及用地范围内、外的视觉效果；收集及整理有关图片及其他相关资料和数据，与客户工程顾问相互协调及开会讨论目前所有的图纸和资料，使之与设计主旨一致。这些研讨将构成总体规划及方案设计的初步构思。向客户提供初步设计研究，旨在确立一致性和设计方向。

（2）方案深化设计阶段

向客户提供初步设计研究，从视觉上完善各个节点，旨在确立基地配置，竖向设计、工程估算一致性和设计方向；按客户意图及设计师对项目的理解所进行的方案深化设计。

（3）扩初设计阶段

设计构思的进一步完善，使之成为初步设计图，包括基地配置、竖向设计、地面处理、植被及铺装材料选择；专业的CAD图纸以进一步明确地解说设计特点及其设计构思理念。

（4）施工图设计阶段

为硬、软景施工提供详细的设计图纸；协助客户编制硬景、软景工程进度安排；按设计周期要求提交详细的硬景设计文件，供施工之用。

（5）施工配合阶段

在施工图完成后，会根据安排与客户方、工程承建商及设计院一同出席设计交底会议；在工程定标以后及施工前视察苗圃，以监管承建商预备种植物料；在硬景施工前及施工期间按客户方的要求前往工地现场监督，以确保所有硬景工程按图施工，制备初步验收接受建议书，其上注明需待修改更正的项目；在软景施工前及施工期间按客户的要求前往工地现场监督，以确保所有软景工程按图施工，查核园林建造文件上所示的物料，并监督树木的种类及种植土堆填工程，包括种植期的保养视察与最后的全案验收；协助解决工程施工中出现的技术性问题；同时，可另行商定长期驻扎现场的设计指导及监理服务。最后，落实参加所有园林有关的工程验收，以签发竣工证明书。

"全过程服务"的景观设计是唯美景观过去十年设计实践的核心理念，"全过程服务"的景观设计认为一个景观设计师应该努力做到参与、影响并控制一个项目的全部过程。"全过程服务"的景观设计的表现是景观设计师在住宅、公共与商业项目开发中应该做到参与、影响与控制景观规划、景观设计、施工过程监理的全部过程。"全过程服务"就是要帮助客户的项目实施成功。

案 例 篇
PROJECT EXAMPLES

第7章 城市公共绿地项目
Chapter 7 City commonality greenbelt project

1. 快工作，慢生活，科技中的绿洲，绿洲中的科技
——武汉未来科技城景观设计

FAST-PACED WORK, SLOW-PACED LIVING: TO CREATE A NEW CONCEPT FOR THE FUTURE OF SCIENCE AND TECHNOLOGY
— WUHAN FUTURE SCIENCE AND TECHNOLOGY CITY LANDSCAPE DESIGN

    武汉未来科技城位于武汉东南部东湖国家自主创新示范区，占地面积6680公顷。其中，高新大道以北、外环线以西的260公顷区域为起步区，规划有新能源研究院、研发区、孵化区、商务区及住宅区，其中起步区一期占地33公顷，在概念设计中称为A区。

    科技园区的景观设计理念定为："快工作，慢生活，科技中的绿洲，绿洲中的科技"；打造具有国际标准的，同时又具有本地特色的湿地景观与高科技园地境。

    Wuhan Future Science and Technology City is located in the southeastern part of Wuhan City, in East Lake National Innovation Demonstration Zone, an area of 6680 hectares. Within this zone is a new avenue road to the north, a 260 hectares start-zone to the west of the outer ring road. With an area of 33 hectares is a plan for New Energy Research Institute, development zone, idea incubation area, business district and residential area. Within the start-zone lies Phase One concept design area A.

    The landscape design concept for Wuhan Future Science and Technology City is"Fast-paced work, slow-paced living: to create a new concept for the future of Science and Technology". While designed to international standards, it also has a wetland landscape with unique local character in a high-tech environment.

展示区风景

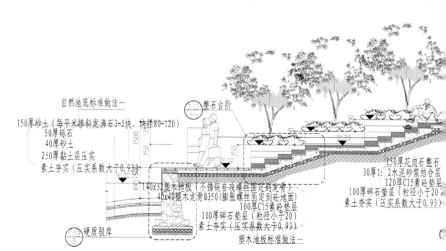

塑木平台 | 台阶

自然池底标准做法一

150厚砂土（每平米掺斜发沸石3-5块，块径80-120）
50厚砾石
40厚砂土
250厚黏土层压实
素土夯实（压实系数大于0.93）

整石台阶

150厚花岗石整石
30厚1:2水泥砂浆结合层
120厚C15素砼垫层
100厚碎石垫层（粒径小于20）
素土夯实（压实系数大于0.93）

140x32塑木地板（不锈钢自攻螺丝固定到龙骨）
40x40塑木龙骨@350（膨胀螺丝固定到砼地面）
100厚C15素砼垫层
100厚碎石垫层（粒径小于20）
素土夯实（压实系数大于0.93）

硬质驳岸

塑木地板标准做法一

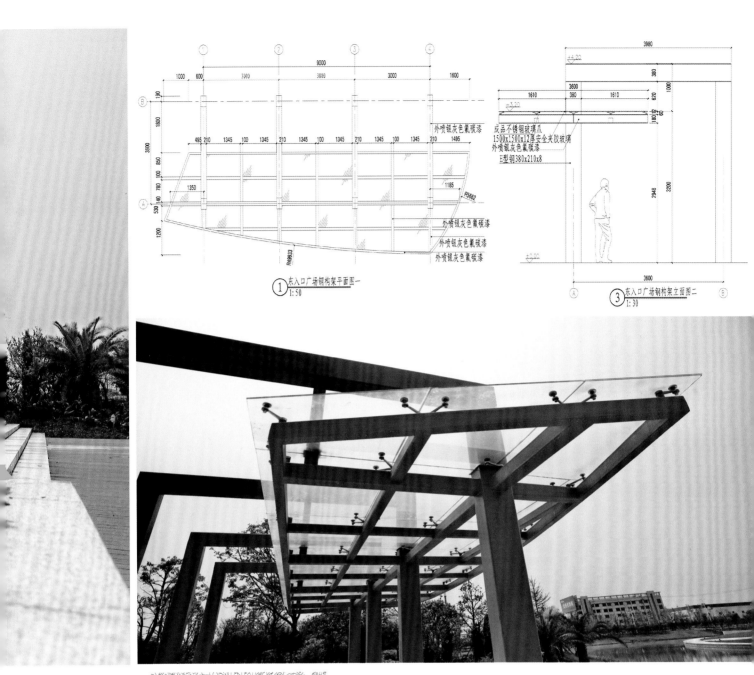

① 东入口广场钢构架平面图一 1:50

外喷银灰色氟碳漆

成品不锈钢玻璃爪
1500x1500x12厚安全夹胶玻璃
外喷银灰色氟碳漆
H型钢380x210x8

③ 东入口广场钢构架立面图二 1:30

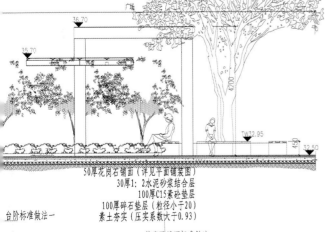

50厚花岗石铺面（详见平面铺装图）
30厚1：2水泥砂浆结合层
100厚C15素砼垫层
100厚碎石垫层（粒径小于20）
素土夯实（压实系数大于0.93）

台阶标准做法一

花岗石铺面标准做法一

（注：砼为混凝土）

场1-1剖面图

地下出入口的美化设计

林间小道与种植设计

林下地被与新物种苗木应用

路边排水照明设计

起伏的地形与游步道设计

路面设计

水边的清水平台设计

地库上的人行出入口设计

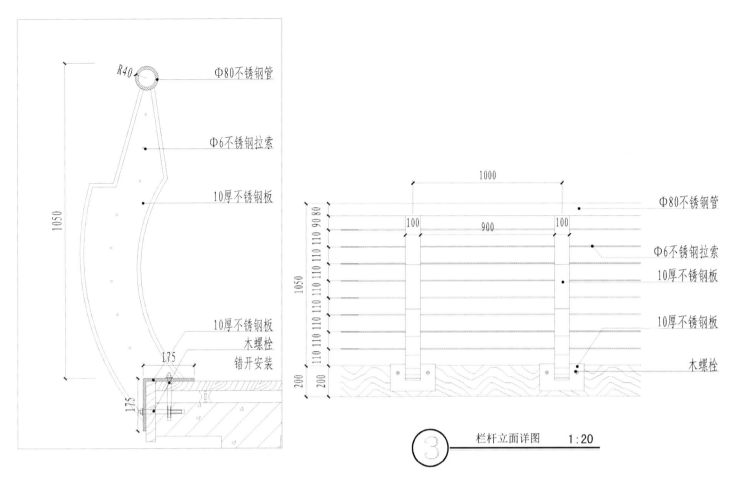

Φ80不锈钢管

R40

Φ6不锈钢拉索

10厚不锈钢板

1050

10厚不锈钢板
木螺栓
错开安装

175

175

Φ80不锈钢管

1000

100   900   100

Φ6不锈钢拉索

10厚不锈钢板

1050

110 110 110 110 110 110 110 110 110 80 90 80

10厚不锈钢板

200

200

木螺栓

③ 栏杆立面详图   1:20

④ 栏杆剖面详图   1:10

驳岸栏杆

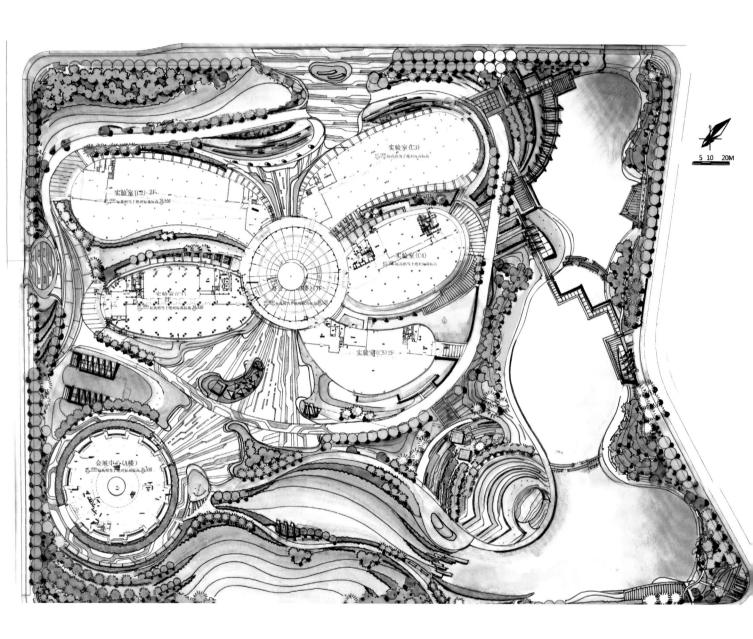

实验室(C3)
±0.000 标高相当于绝对标高两标高

实验室(C2) 2F
±0.000 标高相当于绝对标高两标高 ±5.50

实验室(C4)
±0.000 标高相当于绝对标高两标高

实验室(C1)
2F
±0.000 标高相当于绝对标高两标高 ±5.50

会议中心(B楼)1/F
±0.000 标高相当于绝对标高两标高 ±5.50

实验室(C5) 2F

会展中心(A楼)
±0.000 标高相当于绝对标高两标高 ±5.50

5 10 20M

总平面图

84

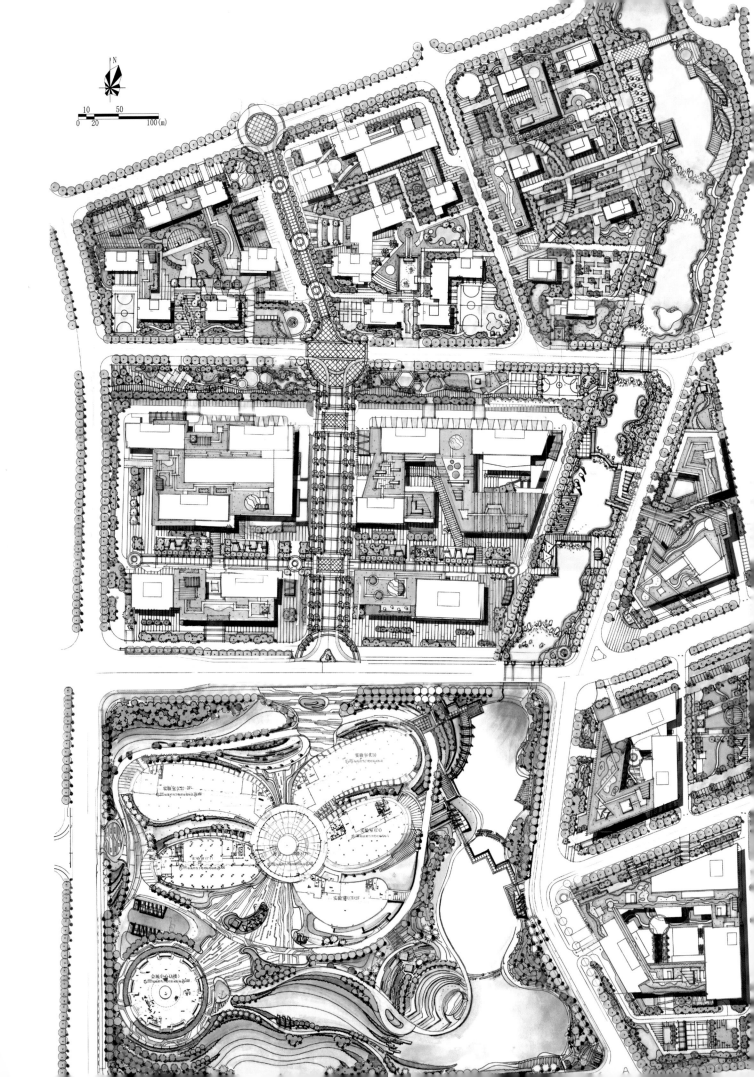

标识系统设计 1

标识系统设计 2

灯光系统设计 1

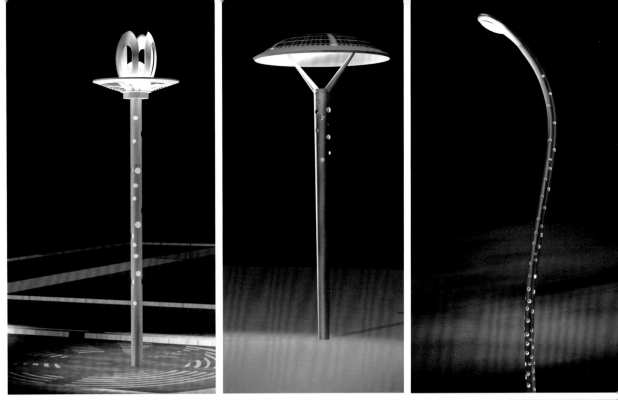

灯光系统设计 2

灯光系统设计 3

主题雕塑设计

2. 柳絮湖畔清风拂，莲花塘上明月升

——黄石磁湖带状滨水绿地景观工程设计

LAKESIDE WILLOW CATKINS MOVES WITH THE WIND, LOTUS BLOSSOMS SWAY
UNDER THE RISING MOON

— HUANGSHI CIHU RIPARIAN BELT LANDSCAPE DESIGN AND CONSTRUCTION

黄石磁湖带状滨水绿地景观工程设计项目位于团城山开发区，是黄石磁湖带状滨水绿地湖景工程的重中之重，此项目荣获建设部颁发的"国家人居环境范例奖"，是开发区的核心景观之一。

基地总体呈带状，西临桂林北路，南临新区一路，东面及北面被磁湖中的团城山所环抱。基地周边水域是黄石磁湖的一部分，面积为17.8平方公里，两边绿地面积为9.04平方公里。

At present, due to this project's comprehensive improvement to Huangshi Cihu (Huangshi Porcelain Lake) and its surrounding areas, it has honourably been awarded "National Habitat Environment Award" from the Ministry of Construction.The design for this lakeside landscape project, which is located in the Tuanchengshan Development Zone, is the most important project among all lakeside landscape projects.

Together with People's Square, this project forms the core of the Development Zone. The riparian belt surrounds the western part of the lake, to its west is Guilin North Road, to its south is Xinquyi Road, the lake entirely wraps around its north and east sides. The peripheral waters, a total area of 17.8 square kilometers, are also part of Huangshi Cihu; allowable space for green space has a total area of 9.04 square kilometers.

欧式湖心亭

林中蜿蜒的人行步道

湖边的景观步道

风雨桥近景

远眺风雨桥

管理房

古树广场

桂林北路的绿化

人工生态湖

人行亲水步道

从体育馆到人工湖边的景观步道

水边的茶室

生态湖景

远望体育馆滨水广场景观

体育馆前广场景观

图书馆与青少年宫前的步道

磁湖西岸沿湖景观

锦水桥

绿化率较高的桂林北路

花架设计

花架边的座位

阳光草坡

西内湖

湖宾广场

小吧之街

2F

3F

2F

3F

黄石图书馆

青少年宫

水上乐园片区

东内湖

磁湖

金砂嘴

湖滨大道

枫堤闻莺

望湖角生态湿地公园

2F

3F

座

3F

2F

总平面图

0 5 10 20M

3. 上帝的盆景
——黄石金山大道石林广场景观设计

GOD'S BONSAI
— HUANGSHI JINSHANG ROAD ROCK FOREST PLAZA LANDSCAPE DESIGN

项目临近新规划的快速路入口，占地约5公顷，南北长260米，东西宽178米。委托方希望以一个精心设计的城市公园作为快速路的入口名片，为带动即将建成的快速路经济提供理想契机。设计充分利用基地现有景观资源，完善交通游憩功能，通过恢复山体植被，在生态环境中营造地方景观与文化特征。

This site is part of a new plan near a highway entrance, about 5 hectares, 260 meters north to south and 178 meters east to west. The client wished that a carefully design urban park can be a landmark for this highway entrance, as the highway is opportunity for economic stimulus. The project aims to make full use of the existing natural landscape resources to merge two functions: traffic and recreation. Through restoring mountain vegetation, the project has created a culturally unique and locally-relevant ecological landscape.

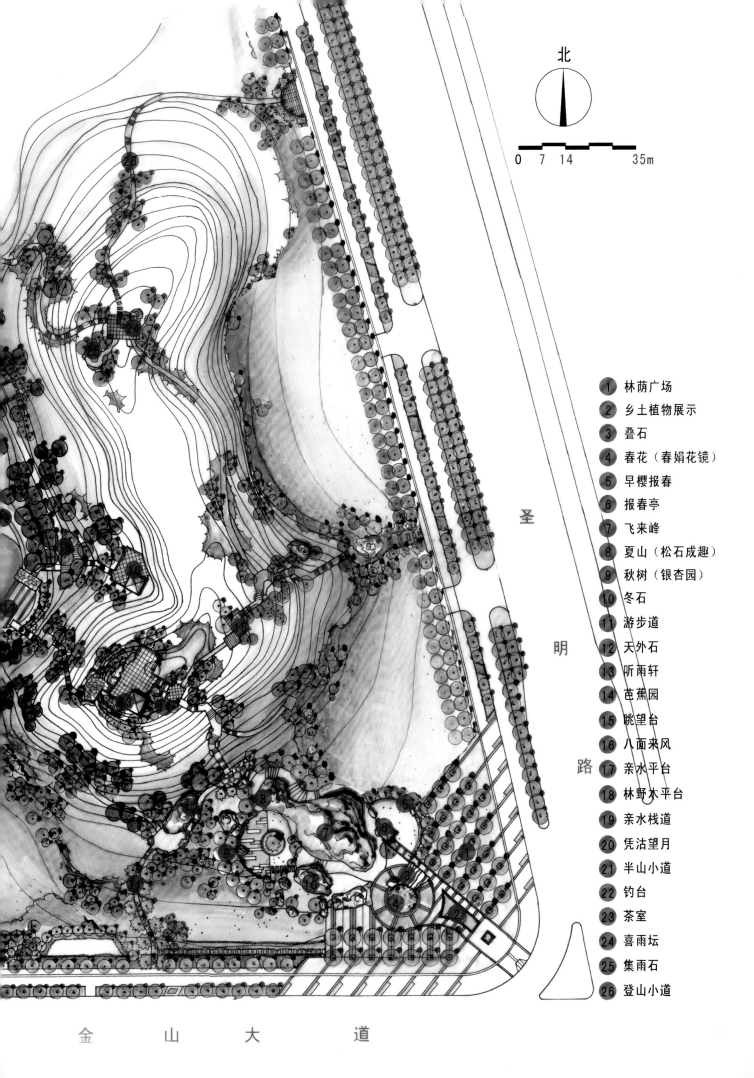

北

0 7 14 35m

圣

明

路

① 林荫广场
② 乡土植物展示
③ 叠石
④ 春花（春娟花镜）
⑤ 早樱报春
⑥ 报春亭
⑦ 飞来峰
⑧ 夏山（松石成趣）
⑨ 秋树（银杏园）
⑩ 冬石
⑪ 游步道
⑫ 天外石
⑬ 听雨轩
⑭ 芭蕉园
⑮ 眺望台
⑯ 八面来风
⑰ 亲水平台
⑱ 林野木平台
⑲ 亲水栈道
⑳ 凭沽望月
㉑ 半山小道
㉒ 钓台
㉓ 茶室
㉔ 喜雨坛
㉕ 集雨石
㉖ 登山小道

金 山 大 道

美丽的石景

从远处看石景

另一个角度的石景

石景旁的休息区

进入石景内部

石景上的主峰

石景犹如三个老人
在述说远古的故事

石景中的小路

五彩的花朵与石景的搭配

近看石景 1

近看石景 2

近看石景 3

4. 崇明的新海派景观
——崇明育麟广场景观设计
CHONGMING'S NEW LANDMARK LANDSCAPE
— CHONGMING YULIN PLAZA LANDSCAPE DESIGN

　　项目坐落于崇明县城桥镇育麟桥路和鼓浪屿路交叉口，由一处酒店景观和一城市公共绿地组成。场地空间开阔，地段极佳。项目通过景观细节描绘及整形配置凸显"艺术装饰"（Art Deco）建筑的华贵坚实，细部装饰细腻丰富，主题景观典雅稳重，融汇了海派文化的精致、内敛、闲适的气质，实现了建筑景观艺术与都市生活的完美结合。该项目的建成极大提升了城桥镇乃至崇明岛的城市形象。

The site is at the intersection of Yulin Bridge Road and Gulangyu Road in Chongming County Town; it features the landscape for a hotel and public urban green space. This open urban space improves the town and Chongming Island's urban image. The project uses landscape detailing to highlight the substantially luxurious Art Deco style of architecture and its delicate and richly decorative details. The design also blends and gathers the implicitness, delicacy, and leisurely disposition within the culture of Shanghai to realize a perfect combination of landscape architecture and urban living.

主入口水景

总平面图

消防登高场地

酒店主楼
1#

主要出入口

人防次要出入口

网球场

底层架空

临时对外连通口

3F

卸货平台

酒店主入口

库库排风口

人防次要出入口

(5.900)
±0.000

3F

人防部分
平时地下汽车库
战时核6级常6级甲类二等人员掩蔽所

13F

3F

入口

独立办公楼景观设计方案

消防登高场地

消防登高场地

公寓式办公

(5.450)
±0.000

公寓式办公

1F

库房

3#

底层架空

库层架空

12F

2#
独立办公

非机动车停放处

消防登高场地

消防登高场地

1F

变电站

4#
独立办公

10

13

12

6

垃圾转运站

1F

公寓式办公

(5.450)
±0.000

16F

公寓式办公

12F

5#
独立办公

6#

底库架空

底层架空

消防登高场地

消防登高场地

消防登高场地

9

7

8

老南横引河

N

景亭设计

景亭全景

景亭局部

从酒店向外看入口轴线

小品设计

主入口景观

主入口坡道

大堂入口远景

入口景石

大堂入口远景

铺装设计

健身小广场

地下室入口

5. 永不闭幕的汽车博览会
——长春国际汽车公园景观规划设计
THE NEVER-ENDING AUTO EXPOSITION
— CHANGCHUN INTERNATIONAL AUTO PARK LANDSCAPE DESIGN AND PLANNING

　　长春国际汽车公园位于长春西南汽车产业开发区的核心区位，紧邻一汽厂区，总占地面积97公顷，于2010年建成并对外开放。项目将公园作为汽车文化的一种载体，力求实现汽车与自然的对话，达到人、汽车、自然三者的和谐交融。

　　在场所设计中，引入"楔形分隔绿地"的先进设计理念，将中国传统文化与现代艺术融为一体，打造成极富当代艺术气质，兼具浓郁东方色彩的现代世界汽车公园。

Changchun International Auto Park is located at the core of Changchun Automobile Industry's Development Zone. With a total area of 97 hectares, the project was completed and opened in 2010. This project not only turns the park into a part of car-culture, but also strives to express the dialogue between nature and automobiles, achieving a harmonious coexistence between human, automobiles, and nature.

By using a "wedge to separates green" concept to introduce traditional Chinese culture and modern art into one entity, the Changchun Auto Park will create a unique and strongly Chinese-flavoured modern auto park.

总平面图

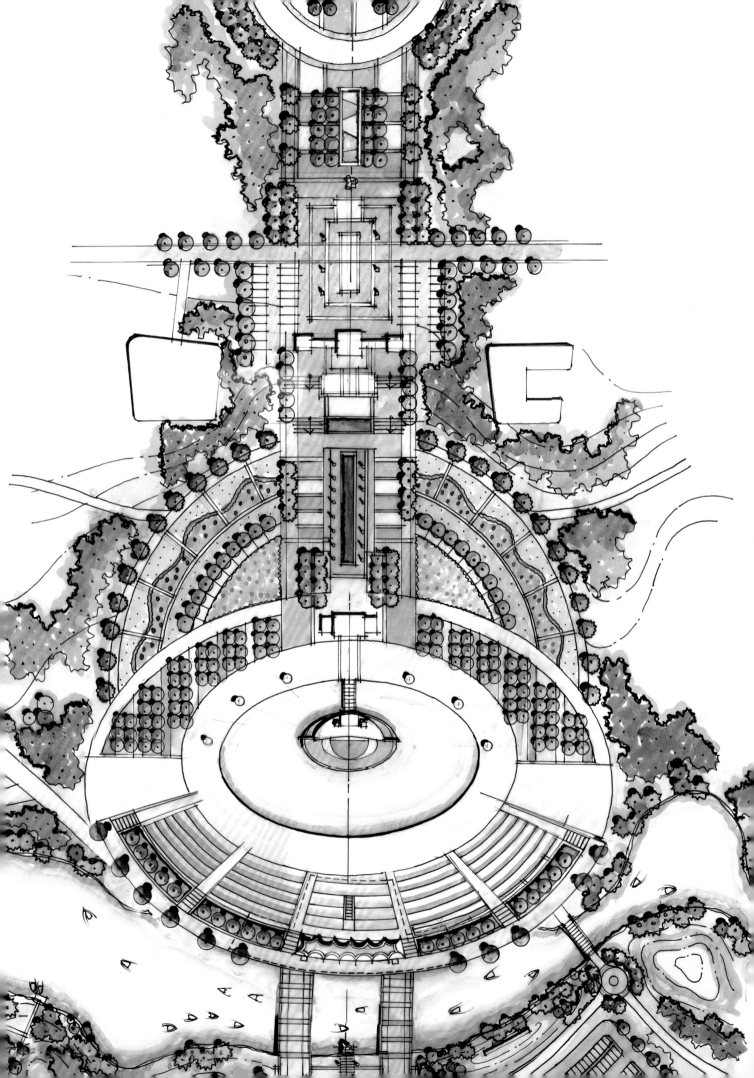

鸟瞰图

入口前的辅道

嵌在地面的公园名称

公园中的雕塑

从高处俯视汽车公园

125

设计目标：

　　以文化铸造品牌，以品牌带动产业，以产业发展城市是城市持续发展的必然选择。

　　长春国际汽车公园以自身为契机，带动周边产业发展，让世界了解长春，让长春闻名于世界！

打造：

　　　　一座新城
　　　　一张名片
　　　　一个标志
　　　　一个平台

设计理念：

1.自然景观与人文景观交融，形成自然生态的独特汽车主题景观；

2.打造自然、多样的循环生态水系景观；

3.西南堆山，体验多重旷奥景观空间；

4.将环保、节能理念融入景观中，感受绿色环保新景观。

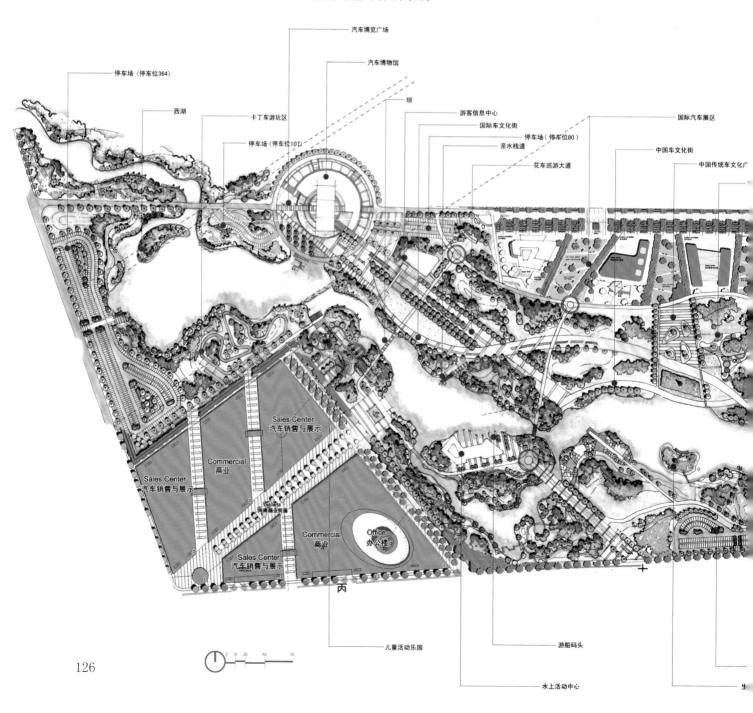

关于汽车文化的时光大道

建设中的汽车博物馆

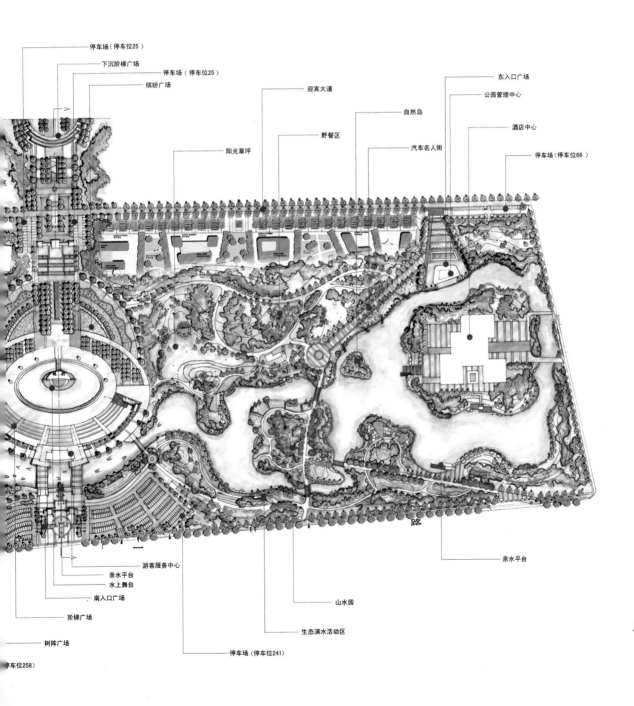

停车场（停车位25）
下沉阶梯广场
停车场（停车位25）
缤纷广场
阳光草坪
野餐区
迎宾大道
自然岛
汽车名人街
东入口广场
公园管理中心
酒店中心
停车场（停车位66）

游客服务中心
亲水平台
水上舞台
南入口广场
阶梯广场
树阵广场
停车位258）
山水园
生态滨水活动区
停车场（停车位241）
亲水平台

路

总平面图

127

第8章 住宅类项目
Chapter 8 Residential project

1. 王冠上的浪漫心城堡
——常州御城二期帝湖堡景观规划设计
THE CROWN OF THE ROMANTIC CASTLE
— CHANGZHOU ROYAL CITY PHASE TWO CASTLE LAKE PARK LANDSCAPE DESIGN AND PLANNING

常州御城项目位于江苏省常州市武进区，为欧洲意态景观风格的大型综合楼盘，着重展现贵族生活的高贵典雅，并结合现代生活模式，将古典景观空间以现代设计语言进行诠释。设计强调生活层面上欧意情调。空间中弥散着醇厚的欧洲情韵，体现皇家的豪华与尊贵，并结合中国传统审美情趣，华而不艳，清新自然。

帝湖堡为御城二期的重要组成部分，占地面积约14.3公顷。帝湖堡在御城仿若一颗王冠上的钻石，尊贵典雅，是新贵的梦寐以求的世外桃源。景观设计以自然的凡尔赛河畔环绕心型城堡，将法式浪漫迷迭花园引入双拼别墅景观，以2万平方米中央湖景和多类型活水景观将帝湖塑造成为空中城堡式花园住宅。作为新古典主义在景观上的体现，景观风格以浪漫、典雅、自然为主调，以西方格调凸现东方智慧。

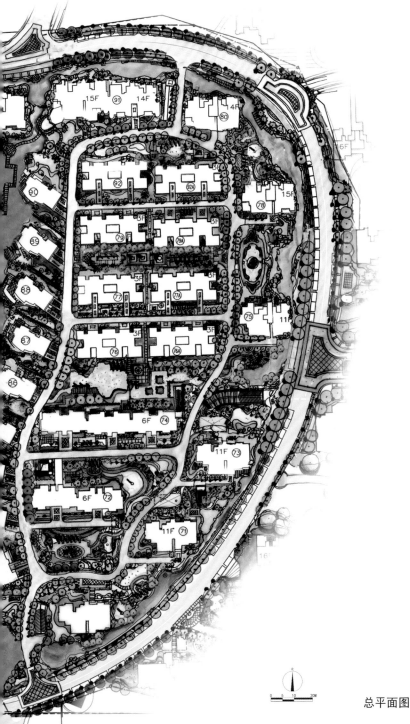

This development, named Royal City, is located in Jiangsu Province, in Changzhou City's Wujin District. It uses traditional European landscape as its theme and style; combining the graces of aristocratic life with modern style and comfort, the design is a modern interpretation of classical European luxury living. The design exudes European culture from within by reflecting the nobility and luxury of royal European gardens while still maintaining a traditional Chinese aesthetic; the design is fresh and natural.

Phase Two of Royal City Castle Lake landscape design is about 14.3 hectares. Castle Lake forms a diamond shape, the symbol of new nobility, idyllic beauty, and elegance. The design uses the naturalness of the Versailles River as a border for the heart-shaped development. A romantic rosemary garden introduces this double villa outdoor landscape with a 20,000 square meter central lake. Combined with multiple types of lively water features, Royal City expresses a residential garden that likens a landscape of castles. As a neoclassical landscape embodiment, the style focuses on romance, elegance, and naturalness-the design uses Western style to highlight sensible Chinese landscape structure.

总平面图

亲水平台设计

小溪与小桥的设计

水景设计

步道设计

主入口水景

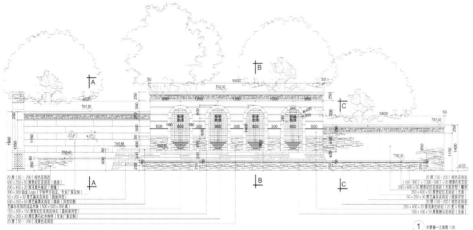

① 水景墙—立面图 1:30
所有砂岩六面涂石材保护剂

花架前的水景

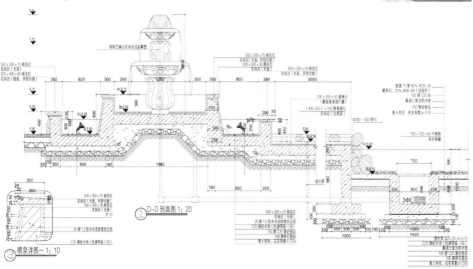

① D—D 剖面图 1:20

② 喷泉详图— 1:10

湖中心的亭子

弧形花架特写

133

景亭特写

步道旁的植物设计

观景平台旁的水景

住所前的小路

曲静的小路

与长廊连接的弧形树池

廊架内部

中心湖景鸟瞰

2. 融入自然的现代生活
——上隽翡丽湾B地块景观规划设计
MODERN LIVING INTEGRATED INTO NATURE
— SHANGHAI JUAN FEI LI BAY BLOCK B LANDSCAPE DESIGN AND PLANNING

本项目位于上海嘉定区南翔镇东部的2号地块B地块，北临环北路，东接环东路，西为育林路，南靠林北路。占地面积约5.2公顷。本案旨在打造一个极具江南水文化特色的个性景观住宅，营造"生态园林、水景佳苑"的现代自然景观。在充分分析现状的基础上，设计突出三面环水的地理优势，转化不利因素，因势利导地创造现代江南水乡景观。

The project is located in Shanghai, in Jiading District, north of the North Ring Road, east of the East Ring Road, west of Yulin Road, and south of Linbei Road. The approximately 5.2 hectare site is east of Block 2-Block B. The project aims to create an unique residential landscape with scenery like that of water culture of regions south of the Yangtze River-a modern yet natural "ecological garden, waterscape garden." In terms of existing conditions analysis, there are three prominent geographical advantages that can transform negative factors into a natural waterscape of regions south of the Yangtze River.

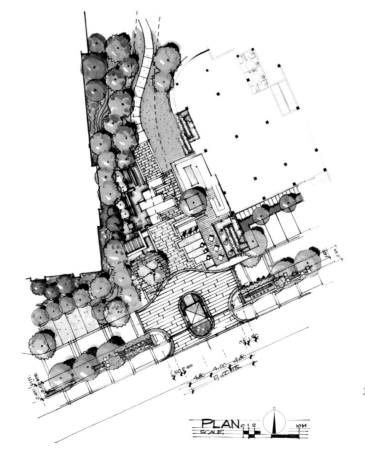

平面图

微地形处理与迎宾的鲜花

水景的源头设计

步道与植物设计

休息平台的设计

大门两侧的水景设计

种植设计非常有层次感

停车位的设计

漂亮的水景设计

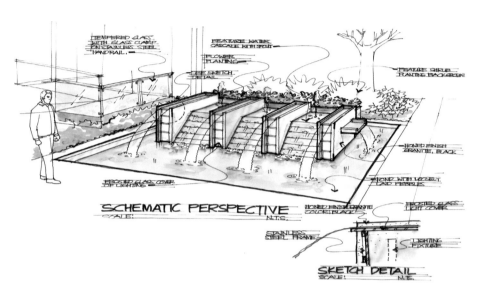

TEMPERED GLASS
WITH GLASS CLAMP
ON STAINLESS STEEL
HANDRAIL.

FEATURE WATER
CASCADE WITH SPOUT

FLOWER
PLANTING

SEE SKETCH
DETAIL

FEATURE SHRUB
PLANTING BACKGROUND

HONED FINISH
GRANITE, BLACK

FROSTED GLASS COVER
OF LIGHTING

POND WITH LOOSELY
LAID PEBBLES

SCHEMATIC PERSPECTIVE
SCALE: N.T.S.

HONED FINISH GRANITE
COLOR: BLACK

FROSTED GLASS
LIGHT COVER

STAINLESS
STEEL FRAME

LIGHTING
FIXTURE

SKETCH DETAIL
SCALE: N.T.S.

入口处水景设计

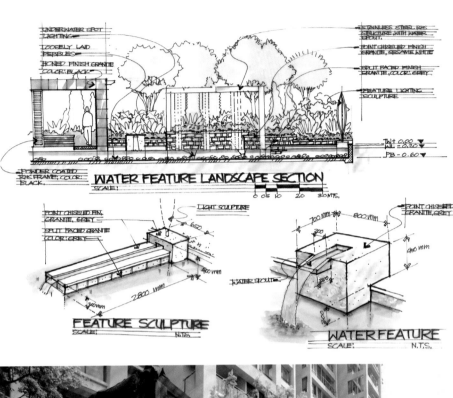

UNDERWATER SPOT LIGHTING
LOOSELY LAID PEBBLES
HONED FINISH GRANITE COLOR: BLACK

STAINLESS STEEL RHS STRUCTURE WITH WATER SPOUT
POINT CHISELED FINISH GRANITE, SESAME WHITE
SPLIT FACED FINISH GRANITE (COLOR: GREY)
FEATURE LIGHTING SCULPTURE

TW + 0.00
WL = 0.20
PB - 0.60

POWDER COATED RHS FRAME, COLOR: BLACK

WATER FEATURE LANDSCAPE SECTION
SCALE:
0 0.5 1.0 2.0 3.0 MTS.

POINT CHISELED FIN. GRANITE, GREY
SPLIT FACED GRANITE COLOR: GREY

LIGHT SCULPTURE

FEATURE SCULPTURE
SCALE: N.T.S.

POINT CHISELED GRANITE, GREY
WATER SPOUT

WATER FEATURE
SCALE: N.T.S.

会所前的跌水   跌水旁可供休息的小景亭

入口设计

叠水设计

园中的景观小路

正门全景

正门右侧的水景

汀步与水的结合

3. 流动的音乐，梦想的生活
——上海古北佘山别墅景观设计

MUSIC WITH MOVEMENT, YOUR IDEAL LIFESTYLE
— SHANGHAI GUBEI SHESHAN NEIGHBORHOOD VILLA LANDSCAPE DESIGN

别墅位于古北佘山某别墅区，别墅建筑为新古典主义风格，坐北朝南，曲水相依，配套设施齐全。"建筑是凝固的音乐"，本文从别墅建筑风格中获取灵感，以新古典主义音乐的主旋律，将怀古的浪漫情怀与现代精神相结合，营造户外的梦想生活空间，打破壁垒藩篱享受阳光家园。

The Gubei Sheshan Neighborhood Villa, which is oriented facing South and emphasized nearness to water, has neoclassical style architecture and is complete with supporting facilities. "Architecture is the music of solidification"-this project derives inspiration from classical architecture, using neoclassical music as the main theme. The design combines the romantic feeling associated with nostalgia together with a modern spirit; it creates a space that one can only dream of, thereby breaking the barriers of what a happy community can look like.

建筑后面的小路

从主卧俯瞰全园的美景。

户外就餐区与壁炉设计

院子的大门设计

阁的底层内景

主人的晒台

前庭的景墙起照壁作用

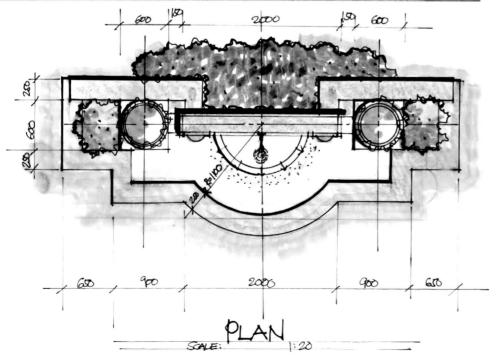

PLAN

SCALE: 1:20

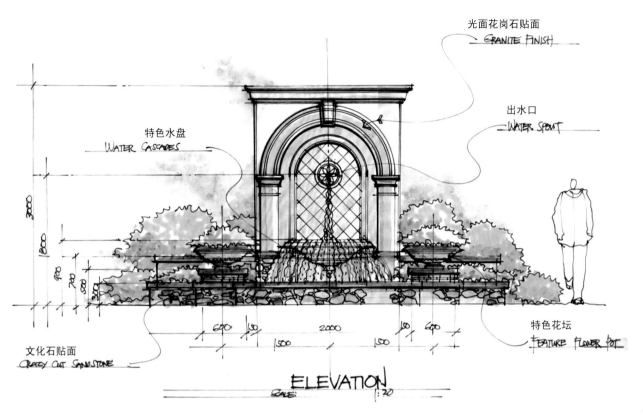

光面花岗石贴面
GRANITE FINISH

特色水盘
WATER CASCADES

出水口
WATER SPOUT

3200

1800

700
500

620 150 2000 150 620
1500 150

文化石贴面
CRAZY CUT SANDSTONE

特色花坛
FEATURE FLOWER POT

ELEVATION
SCALE 1:20

前庭的喷泉

色彩斑斓的庭院

河边的亲水平台

高尔夫爱好者之家 1

高尔夫爱好者之家 2

建筑与门前的花车

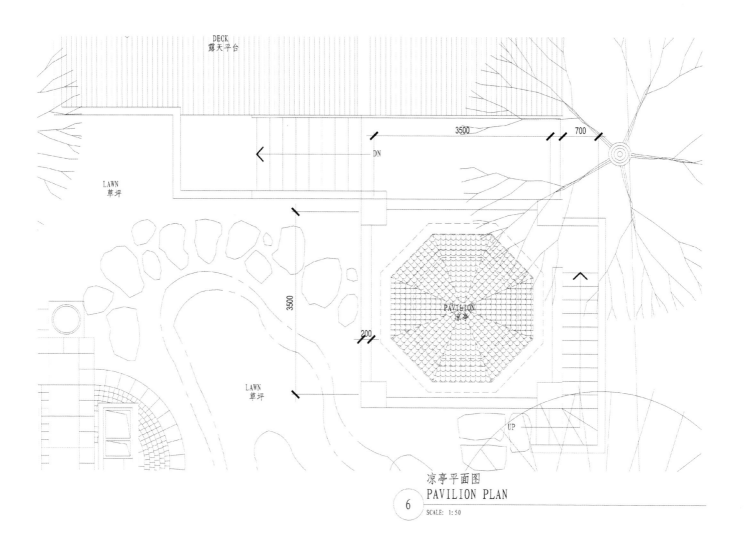

DECK
露天平台

LAWN
草坪

3500   700

DN

3500

LAWN
草坪

200

PAVILION
凉亭

UP

凉亭平面图
PAVILION PLAN

⑥ SCALE: 1:50

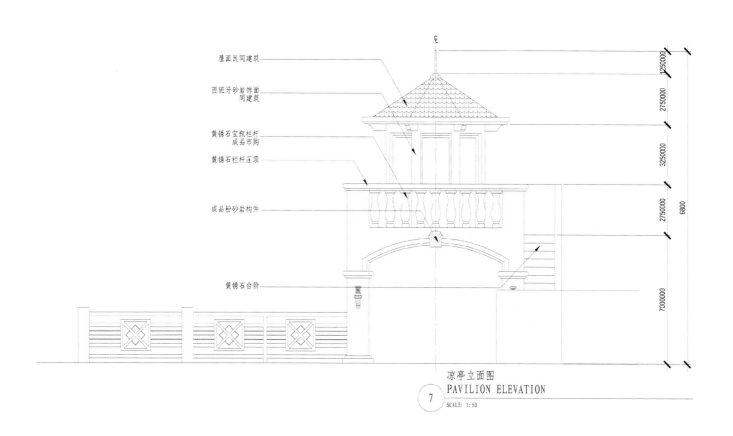

屋面瓦同建筑

西班牙砂岩饰面
同建筑

黄锈石宝瓶栏杆
成品市购

黄锈石栏杆压顶

成品粉砂岩构件

黄锈石台阶

1250000

2750000

3250000   6800

2750000

7000000

凉亭立面图
PAVILION ELEVATION

⑦ SCALE: 1:50

主人的菜畦

主人的金鱼池

4. 生态山水园岛居别墅
——崇明保亿风景水岸景观设计
NATURAL LANDSCAPE AND GARDEN ISLAND CLUB AND VILLA
— CHONGMING SCENIC WATERFRONT LANDSCAPE DESIGN

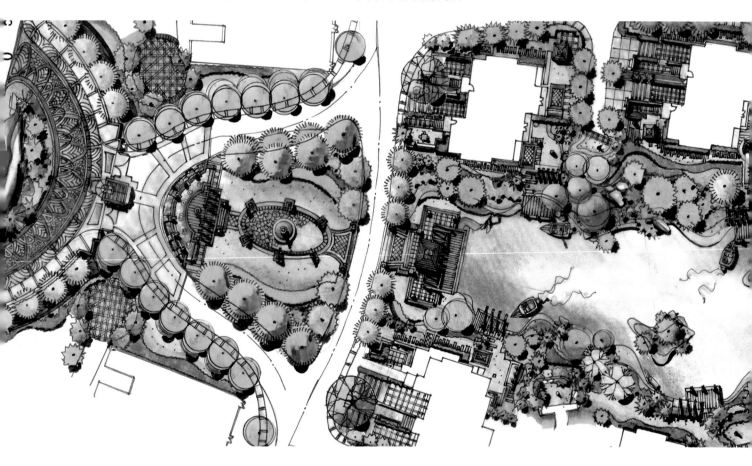

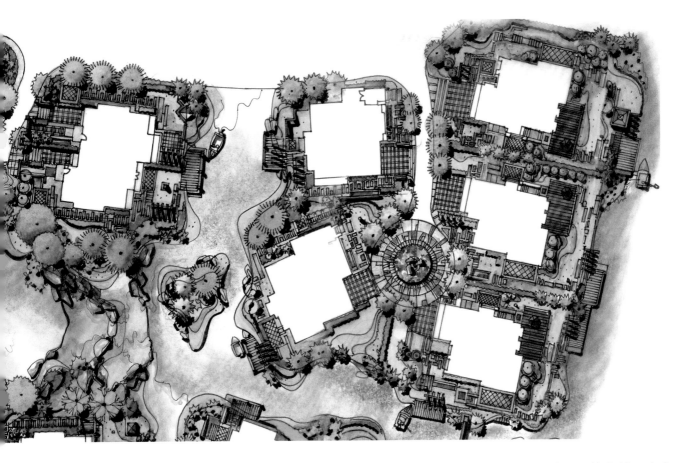

　　项目位于生态岛居第一站——上海崇明县陈家镇。区域临近东滩自然保护区，自然环境优越。上海长江隧桥的建成根本上改变了陈家镇交通格局，从本案到陆家嘴和浦东空港的行车时间不到40分钟，是现代都市人远离喧嚣养生度假的绝佳选择。

This residential project is located at the first stop of the ecological island in Shanghai Chongming County, Chenjiazhen. The region is close to Dongtan Nature Reserve and has a superior natural environment. Shanghai Yangtze River Bridge and Tunnel engineering will fundamental change Chenjiazhen's traffic pattern: the travel time from Chenjiazhen to Lujiazui and Pudong International Airport will be shortened to 40s minutes. At the same time, it is an excellent environment and place for modern urbanites to retreat from noise, to rest and relax.

从公共空间到私家园林的转换

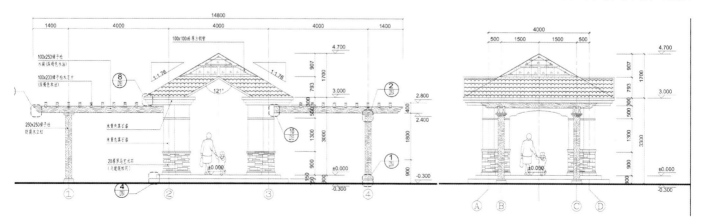

亭廊正立面图   亭廊侧立面图

主景亭

主景亭一侧

富有特色的亭架组合

从远处看中心广场

具有层次感的景观设计

中心小广场

中央景观轴线设计

回家的路

生态湖景

舒适的水边生活

5. 行云流水的大地艺术
——慧芝湖花园景观规划设计
DRIFTING CLOUDS AND FLOWING WATER, POST-MODERNIST DESIGN
— HUIZHI LAKE GARDEN LANDSCAPE DESIGN AND PLANNING

本地块东临上海市闸北区共和新路（上海电力设备厂），西接北宝兴路，北靠广中路，南为规划灵石路，基地总用地15.1公顷。二期基地面积4.1公顷，内有六幢建筑，绿地面积2.8公顷，绿地率高达60%以上。

本案布置蜿蜒的道路、灵动的流水、雕塑感十足的地形，打造"行云流水"的居住美景，彰显大地艺术的气势磅礴。二期景观中央绿地根据景观要素分为两部分，西侧大地艺术结合功能性景观设施，如休憩构架、座凳、阳光草坪等，形成视野开阔的景观区域，谓之"行云"。

阳光草坪区域，精致亭廊景观沿着曲折的栈道阶梯缓缓而上。进入登高景亭的木质廊架，一方甲板式观景挑台玄挑出来，远处的辽阔湖面，近处的缀花草坪尽收眼底。向下望去，漫坡的开阔草坪点缀景石香花，为居民提供了一个休憩、观景、散步的好去处。

中央绿地东部，曲水、廊桥、湖泊构成慧芝湖的中央景观，谓之"流水"。清澈的溪流顺着地势的自然高差潺潺流动。中央湖景呈荷花状展开，青翠的草坪缓缓入水，碧绿的湖面倒映着慧芝湖如画美景。娇艳的荷花朵朵盛开于湖面，木栈道两侧是景观构架，木栈道仿佛漂在水面。L形的玻璃构架交错布置，一侧的荷花形湖体中心布置涌泉形成水源，涌泉、玻璃亭廊、木栈道、大跌水、缓缓入水的草坡、鲜艳的荷花在这里组合形成了一首自然协奏曲，给人以美的享受。

The project is located in Shanghai Zhabei District on Gonghexing Road (Shanghai Electric Power Equipment Factory). It is west of Beibaoxing Road, north of Guangzhong Road, and south of Lingshi Road. The site is 15.1 hectares and Phase Two is 4.1 hectares with 2.8 hectares of green space-a greater than 60% proportion.

This project draws inspiration from the curves of the roads, the sculptural forms in the topography, and rushing water to express land art and create the "drifting clouds and flowing water" landscape concept. The central green space in the Phase Two landscape design comprises of two areas of landscape elements. The western side combines land art and site furnishings such as open-air pavilions, seating, and lawn to create areas with wide fields of vision, thus the landscape has space for "drifting clouds." By the sunny lawn, pavilions and covered walkways use woodwork for flights of stairs so that as one is ascending up into the wooden framed gallery, one reaches an extended deck that overlooks a lawn decorated with flowers. Looking off to the surface of the lake, a beautiful and panoramic scene slow reveals an open, green lawn with rockery and fragrant flowers that provide the residents with a relaxing landscape that is great for strolling.

To the east of the central green space, a covered walkway bridge spans over melodious water; the lake and its central waterscape make this area a "flowing water" landscape. "Flowing water" uses the elevation differences within natural topography to achieve its effect. The central landscape by the lake has blooming lotus flowers that are fresh and delicate and a lush green lawn that gently slopes down to the water; the jade-green lake looks like a painting. Wooden structures and the boardwalk gently reflect on lake's surface while glass structures reflect the lotus flowers and the water. Together, the various elements such as the water fountain, the glass pavilion, the boardwalk, the sloping green lawn, and the delicate lotus flowers are like a well-composed melody, singing aloud, influence people with beauty.

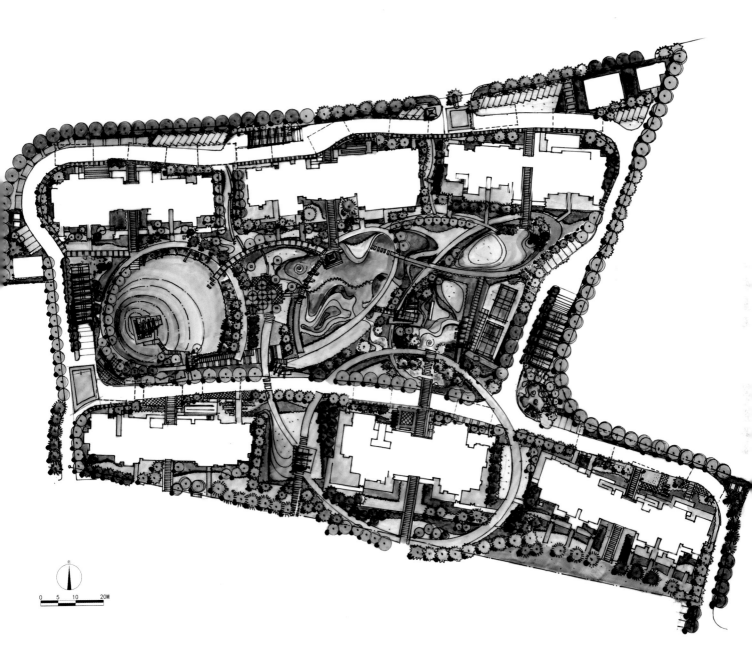

总平面图

0 5 10 20M

蜿蜒的水上汀步奏响华美的乐章

汀步与景亭的设计

湖中的绿岛设计

健身活动区域

用雕塑挡住后面
的变电箱

中心庭院景色

入口景墙

从远处看主景亭

小品设计

入口标示

园中的景亭

植物设计

入口处透视效果图

6. 提炼清新诗意生活，打造艺术学院风情
——中科大学村别墅区

REFINEMENT AND FRESHNESS OF A POETIC LIFE, CREATE AN ARTISTIC
ACADEMIC CAMPUS
— ZHONGKE UNIVERSITY VILLAGE VILLA LANDSCAPE

中科大学村是上海康桥正阳投资有限公司以教育地产开发理念打造的知识景观别墅。该项目由中科大上海研究生院别墅群构成，开创了"一所成功的大学带动一个高尚人文社区"的开发模式。景观设计承袭国外成功经验，以浓郁的学院风情和人文气息，塑造出与众不同的生活环境。

Zhongke University Village is an educational campus of villas-a knowledge landscape-that Shanghai's ZENISUN Group Co., Ltd. is developing for Shanghai Zhongke University's Research Institute. The project is pioneering a new model based on the idea that "a successful university drives a culture of aspiration." Learning from successful abroad experiences, the project is rich with academic campus appeals and humanistic expression and creates an extraordinary living environment.

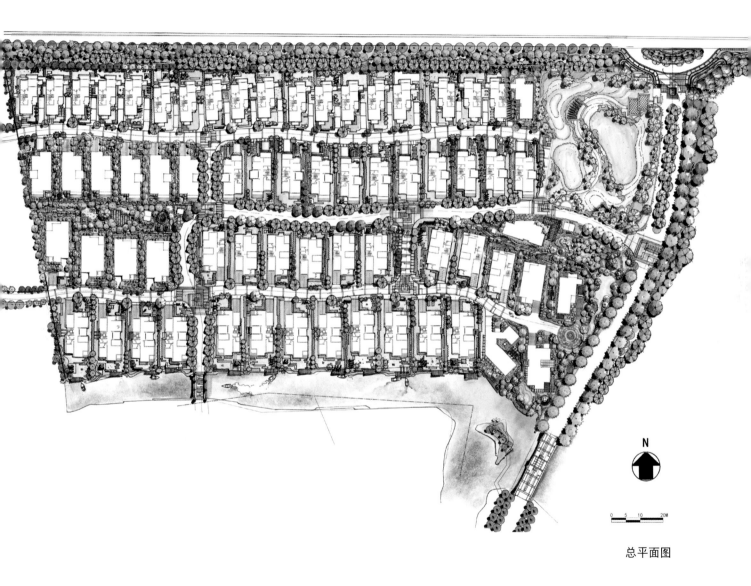

N

0　5　10　　20M

总平面图

步行小径

人行步道

滨水设计

廊架内部

河边亲水平台

精致的花坛细节

室外廊架

花架与沙池

石头与水的完美结合

戏水池

水也是私家院落的分界

水景设计

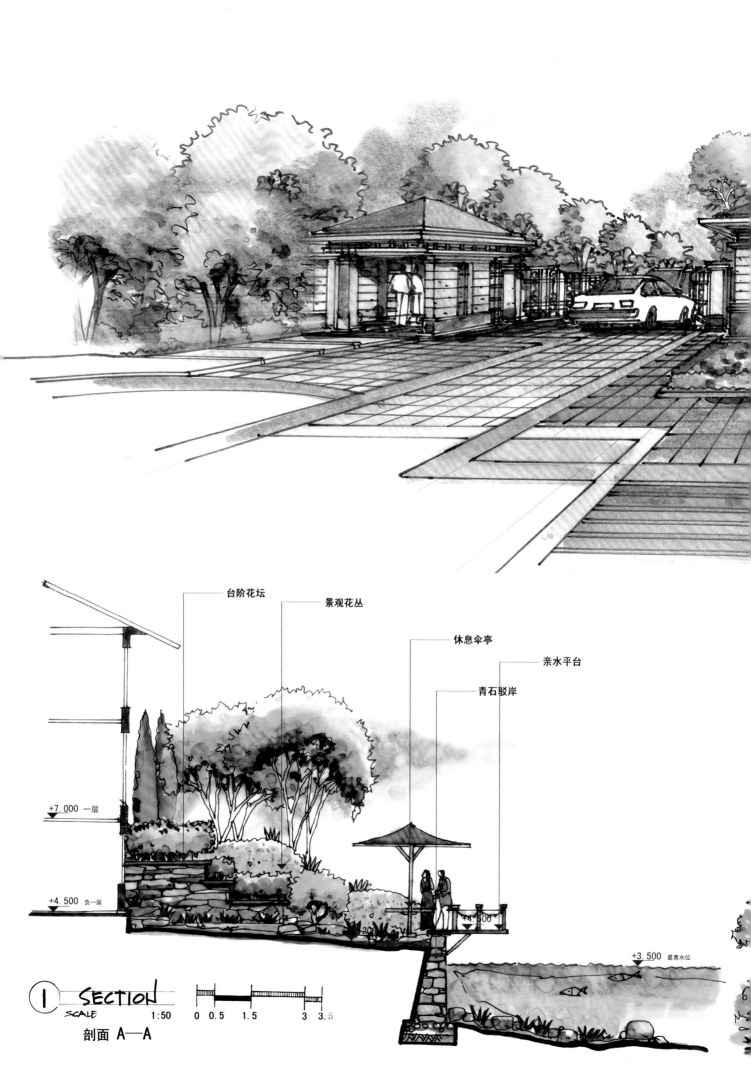

台阶花坛

景观花丛

休息伞亭

亲水平台

青石驳岸

+7.000 一层

+4.500 负一层

+3.500 最高水位

① SECTION
SCALE   1:50
        0 0.5   1.5   3 3.5

剖面 A—A

入口设计

大门设计

主入口

车行道两侧绿化

车行道一侧绿化

别墅小门

7. 大型社区中的私密性
——上海绿宝园景观设计
A LARGE COMMUMITY OF PRIVACY
— SHANGHAI GREEN GEM GARDEN

　　上海绿宝园作为大型国际别墅社区，居民来自世界各地，特别是北美地区。如何保证大型社区中的私密性，是设计的着眼点。设计同时注重景观营造上的纯正美式风格。

With lawns as green as gems, one inadvertently feels like one is in an American neighbourhood. The project captures American style's essence, casually capturing the originality in the exquisite landscape.

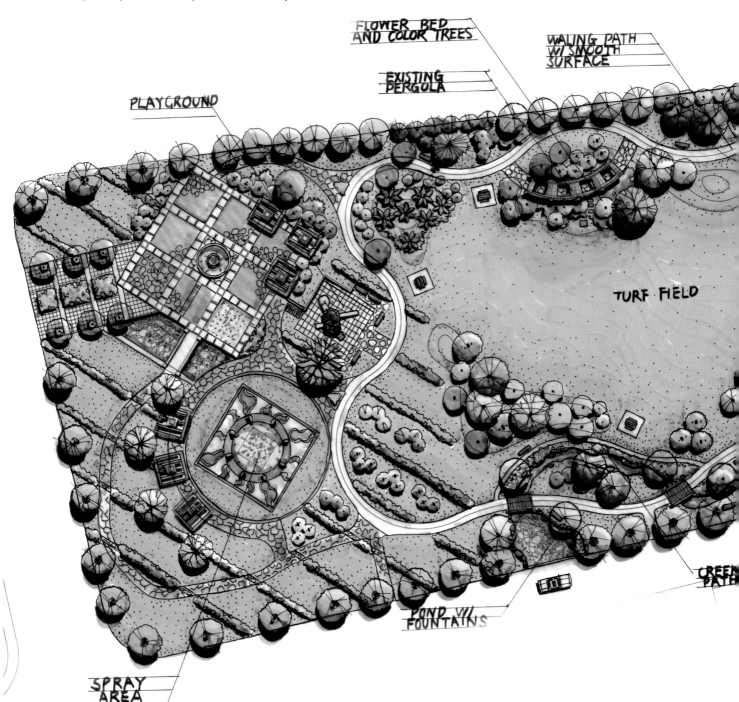

FLOWER BED AND COLOR TREES

WALING PATH W/ SMOOTH SURFACE

EXISTING PERGOLA

PLAYGROUND

TURF FIELD

GREEN PATH

POND W/ FOUNTAINS

SPRAY AREA

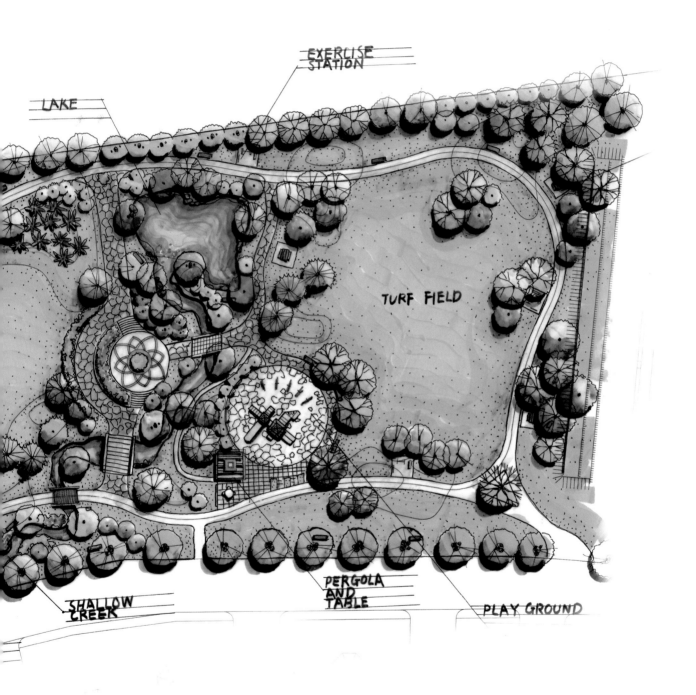

EXERCISE
STATION

LAKE

TURF FIELD

SHALLOW
CREEK

PERGOLA
AND
TABLE

PLAY GROUND

总平面图

0 5 10   20M

中心景亭与花圃设计

小草坪上的汀步设计

汀步旁的植物设计

草地中的小桥流水创意十足

草地中可供休息的景亭

景亭旁互动性雕塑设计

远看景亭

开阔的草坪

草坪中的植物设计

门前美丽的花景

铺装设计

8. 在公园高尔夫中的家
——上海佘山高尔夫郡

A HOME WITHIN A GOLF GREEN

— SHANGHAI SHESHAN GOLF

上海佘山高尔夫郡，公园高尔夫中的家，独享全绿色景观，大绿色与小庭院有机结合，变化的景观视线，掩映的精彩小品，处处带着意外的惊喜。

A home placed among acres of golf green is able to enjoy an unique green landscape. Big green lawns and small intimate gardens complement each other, bringing changes in the line of sight, adding little surprises with everywhere.

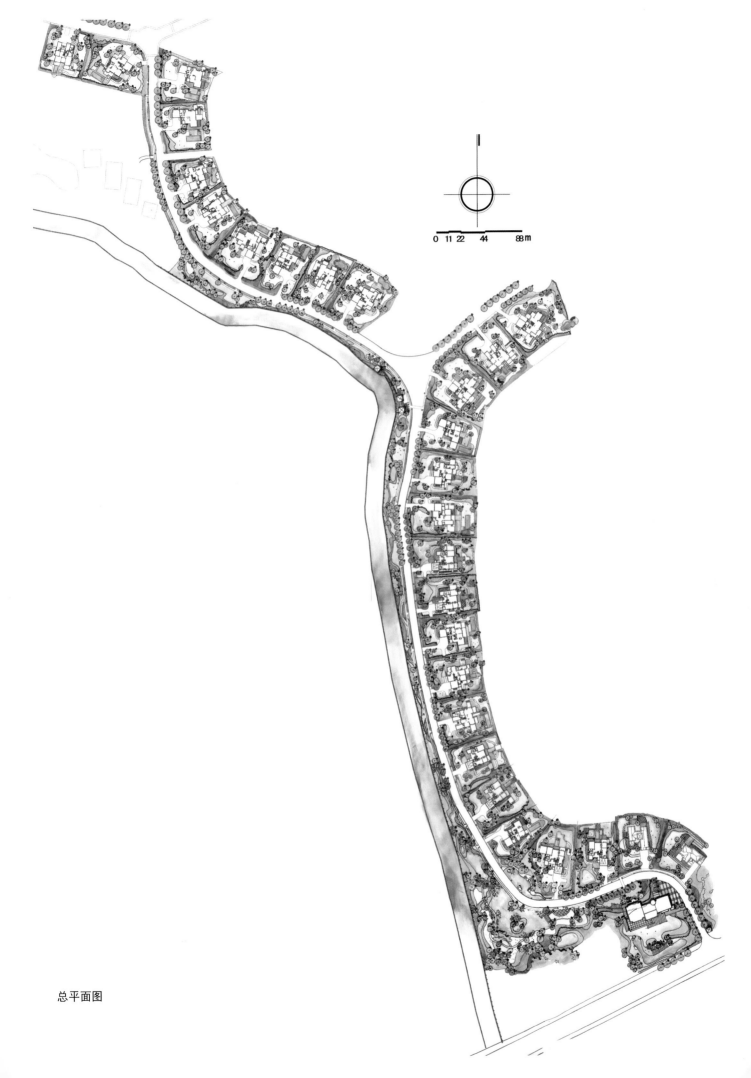

0 11 22　44　　88m

总平面图

景石花与树的组合

高尔夫地形

草地中的汀步

沿路绿化

连接球场与别墅的路

后记

景观承载人类梦想　唯美营造户外生活

"上帝在造人"之前，首先送给世界一座令人心驰神往的伊甸园。这座园林是如此的精彩绝伦，更是人类一切美好以及梦开始的地方。唯美景观的理想，就是要营造人间伊甸园，营造美好的户外生活。

作为一家具有景观设计及工程资质的专业公司，唯美景观的上海总部及武汉分公司先后完成城市设计、景观规划、居住区景观、商业景观、公共绿地景观、高尔夫球场设计及其景观设计等几百项全国各地有一定影响力和声誉的园景工程，唯美景观具有一批高素质的国内、国际设计团队，其主创设计师取得了由英国皇家古老高尔夫俱乐部所认证的高尔夫职业资格证书，并向客户提供高尔夫规划设计与景观设计工作。唯美景观将自然高尔夫的地形与水景设计的生态理念融入项目中，使其所设计的景观项目具有舒缓起伏的地形以及生态水景等鲜明的景观特色。

唯美景观秉承精品、生态、人文、经济的企业理念，以客户需求为工作的出发点，以帮助客户成功为企业宗旨，将低碳理念与传统文化完美结合，提供专业、细致、及时的设计服务。唯美景观还着重施工现场配合、现场效果把控，与客户共创梦想景观空间。

唯美景观的使命，不仅在于提供完善的景观设计，而且还在于倡导人们全新的户外生活方式，建立一种户外的交流之道与和谐的生活场所：在闲暇时间，人们来往并游憩于户外，心旷神怡、心笙荡漾。

德国诗人荷尔德林高声唱出唯美景观的理想："劬劳功烈，然而人诗意地栖居在大地上"。

附：上海唯美景观案例

本书之所以能出版，得益于上海唯美景观设计工程有限公司的大力支持。为表谢忱，兹将典型设计项目列举如下。

典型景观设计案例：

- 上海闵行区市容景观规划及长效管理
- 湖北黄石湖景景观工程
- 宁夏宁东新能源主题公园规划设计
- 长春国际汽车主题公园规划设计
- 西藏拉萨高山生态公园规划设计
- 卓达威海香水海海洋公园景观设计
- 湖北武汉东湖国家自主创新示范区公共服务中心景观设计
- 上海万里跨世纪示范居住小区若干地块景观设计
- 上海绿宝园别墅景观设计
- 香港嘉华慧芝湖花园景观设计
- 香港路劲常州御城景观设计
- 武汉未来科技城A区景观规划设计
- 宿迁奥特莱斯购物公园景观设计
- 南昌世茂天城住宅及商业景观设计

高尔夫景观设计类案例：

- 武汉驿山高尔夫18洞球场景观设计
- 安徽神山体育公园18洞球场景观设计
- 长春天茂高尔夫27洞球场景观设计
- 威海香水海高尔夫18洞球场景观设计

上海圣安唯美高尔夫典型案例：

- 上海世博9洞高尔夫球场设计
- 神山体育公园18洞球高尔夫场设计
- 重庆拓新高尔夫球场设计
- 威海香水海高尔夫18洞球场设计

武汉唯美景观典型案例：

- 湖北武汉市青山区政府景观设计
- 湖北嘉鱼山湖温泉度假区景观设计
- 武汉巴黎豪庭二三期园林景观设计
- 武汉东湖开发区关南工业园景观设计
- 湖北武汉环城森林生态工程京珠·泸蓉段提升改造总体规划
- 湖北武汉三环线（光谷大道——森林大道）隙地景观设计
- 武汉现代都市农业示范园景观设计

参 考 文 献

[1] 住房和城乡建设部人事司. 增设风景园林学为一级学科论证报告，2011.

[2] 成玉宁. 论风景园林学的发展趋势. 风景园林，2011(2).

[3] 葛志敏. 横断学科的特点及产生途径. 天津师大学报，1989(6).

[4] 香港湿地公园——一个在可持续发展方面的多学科合作项目. 城市环境设计，2007(1).

[5] 王向荣，林箐. 现代景观的价值取向. 中国园林，2003(1).

[6] 谢爱华. 清逸悠闲慢生活. 风景园林，2011(4).

[7] 董晓龙. 景观美学思想演变与生态美学. 科技情报开发与经济，2009(31).

[8] 林箐，王向荣. 地域特征与景观形式. 中国园林，2005(6).

[9] 鞠颖. 传承过渡——万科第五园院落分析. 中华建设，(10).

[10] 陈犟. 行为. 环境. 湖南大学，2003.

[11] 李存东，李力. 绿色科技人文的景观策略——国家主体育场（鸟巢）环境设计研究. 2008(3).

[12] 银周妮，王宁，向振华. 论城市公共空间景观层面的引导和控制. 四川建筑科学研究，2010(2).

[13] 唐艳红，葛磊. 沙漠绿洲——迪拜皇家梦幻度假项目的景观设计实践. (2).

[14] 寇怀云，朱黎青. 城市绿地外部经济效应的基础研究. 中国园林，2006，22(12).

[15] 张京宝. 城市园林绿化经济趋势研究. 现代商贸工业，2008(9).

[16] 公园地产价值论. 2008，http://hnrb.hinews.cn/html/2008-09/11/content_64101.htm.

[17] 王若冰，胡冬南. 城市绿地的经济效益与开发模式. 城市环境与城市生态，2003，16(S1).

[18] 姜子峰. 城市绿地外部经济效应内部化. 南京林业大学，2009.

[19] 安德烈斯·巴尔巴斯·弗洛雷斯，沃尔多·蒙特西诺斯·布斯塔曼特，亚历·戈多伊·方德斯，etal. 住宅环境的价值——智利圣地亚哥的绿地引入策略(节译). 中国园林，2010，26(8).

[20] 田宝江. 走向绿色景观. 城市建筑，2007(5).

[21] 丁明. 中国园林植物养护存在的问题及解决方法的研究. 西北农林科技大学，2011.

[22] 闫煜涛. 初探节约型园林中的"节材"设计. 北京林业大学，2010.

[23] 俞孔坚. 节约型城市园林绿地理论与实践. 风景园林，2007(1).

[24] 方威. 能源节约型园林理论与实践研究. 北京林业大学，2010.

[25] 徐哲民. 园林景观材料综述. 科技信息(科学教研)，2008(3).

[26] 郎格苏珊. 情感与形式. 北京：中国社会科学出版社，1986.

[27] 梁学彦，倪敏东. 漫谈新技术与新景观. 规划师，2010(S1).

[28] 曾伟. 景观艺术与技术的融合. 建筑与文化，2010(10).

[29] 朱永莉. 新优地被植物的筛选及其在景观中的应用. 安徽农业科学，2007.

[30] 尹建强，曾忠忠. 雨水之歌——解析波特兰雨水花园. 中外建筑，2007(9).

[31] 张新然，胡玎. 膜结构在景观领域的应用和展望. 科技信息，2011(17).

[32] 李汉琳，林耕. 现代景观艺术与新技术发展趋势探究. 天津城市建设学院学报，2010(1).

[33] 尹晶. 生态建筑的实践性研究. 西安建筑科技大学，2008.

[34] 李志，王顺勇. 浅谈扩初设计深度在建筑设计中的作用. 科技风，2010(21).

[35] 江卫. 浅议园林工程设计阶段的造价控制. 上海建设科技，2004(5).

[36] 盛起. 浅谈园林施工图. 山西建筑，2009(15).

[37] 陈亚军. 景观设计与施工的互动——以著称潍河景观带工程为例. 南京林业大学，2010.

致　谢

本书所列项目之各建设单位，对本人信任之至。本人项目主持过程中如履薄冰，也饱含对各建设单位感恩之情。他们包括：上置（控股）集团、香港嘉华房产、黄石开发区及城投公司、香港路劲集团、张家港园林局、世茂集团、保亿集团等，这份名单还很长，我会将对他们的感恩之情深埋心底。

对中国建筑工业出版社的编辑耐心工作表示诚挚的谢意！

对在幕后一直默默支付我的夫人余春花及家人深表感谢！

这里特别要向同济大学园林泰斗吴为廉教授致敬！早年本人师从丁文魁教授，吴教授与丁先生为世交。我拜读过吴教授的多部巨著，对吴教授知识之渊博、育人之不倦、为人之耿直深为感动！如果没有吴教授对晚辈的鼓励与关心，本书就不可能面世！